U0289773

生态城乡与绿色建筑研究丛书
国家自然科学基金重点项目
湖北省学术著作出版专项资金资助项目

李保峰 主编

陈宏 副主编／刘小虎 执行主编

Better Waterfront, Better City

水城共融
城市滨水缓冲区划定
及其空间调控策略研究

刘伟毅 著

华中科技大学出版社
http://www.hustp.com
中国·武汉

图书在版编目(CIP)数据

水城共融:城市滨水缓冲区划定及其空间调控策略研究/刘伟毅著.—武汉:华中科技大学出版社,2019.11

(生态城乡与绿色建筑研究丛书)

ISBN 978-7-5680-5763-9

Ⅰ.①水… Ⅱ.①刘… Ⅲ.①城市规划-研究-武汉 Ⅳ.①TU984.263.1

中国版本图书馆 CIP 数据核字(2019)第 256032 号

水城共融——城市滨水缓冲区划定及其空间调控策略研究   刘伟毅 著

Shuicheng Gongrong

——Chengshi Binshui Huanchongqu Huading ji Qi Kongjian Tiaokong Celüe Yanjiu

策划编辑:易彩萍

责任编辑:周怡露

封面设计:王　娜

责任校对:刘　竣

责任监印:朱　玢

出版发行:华中科技大学出版社(中国·武汉)　　　电话:(027)81321913

　　　　　武汉市东湖新技术开发区华工科技园　　　邮编:430223

录　　排:华中科技大学惠友文印中心

印　　刷:武汉市金港彩印有限公司

开　　本:710mm×1000mm　1/16

印　　张:12.25

字　　数:188 千字

版　　次:2019 年 11 月第 1 版第 1 次印刷

定　　价:158.00 元

前　　言

　　城市滨水缓冲区是城市河湖水系与滨水用地之间的一个过渡带,与人类生存、发展关系密切。随着城市人口的大量增加和人类活动范围的不断扩张,城市滨水缓冲区正面临着一系列现实问题:河湖水系急剧萎缩、岸线生态功能退化、滨水用地无序蔓延、滨水公共开放空间缺乏等。这些情况严重影响了滨水缓冲区的可持续发展。探索城市滨水缓冲区的划定及其空间调控策略,协调滨水缓冲区环境与经济社会可持续发展的关系,已成为滨水城市可持续发展的一个重要课题。

　　本书重点以武汉城市滨水缓冲区为研究对象,从城乡规划学的视角,以城市再生、低影响开发、生态基础设施等理论为指导,探索了城市滨水缓冲区的划定方法和空间调控策略。依据拟定的研究目标,对城市滨水缓冲区的相关理论及实践进行了针对性的梳理,为研究奠定基础;以历史地图、遥感影像图为基础,借助 ArcGIS 平台的空间分析功能,探讨了城市滨水缓冲区动态变化的历史过程及其影响因素;并通过田野调查、数理统计和集对分析模型,重点对武汉典型滨水缓冲区(东湖、沙湖、南湖、墨水湖、野芷湖、龙阳湖)进行实证研究,分析了河湖水系、滨水用地的现状特征,识别出滨水缓冲区的主要问题;基于 ArcGIS 平台,通过汇水区分析,将滨水缓冲区的相关规划成果和建设现状进行分层叠加,对滨水缓冲区未来动态进行了情景模拟,依此制定相应的空间调控策略。

　　本研究有如下四点发现。

　　(1) 对滨水缓冲区进行动态特征分析的结果表明:自古代到 1983 年,武汉城市滨水缓冲区经历了从相邻到相连的发展历程;1983—2013 年,武汉城市河湖水系面积急剧萎缩,滨水用地无序扩张加剧,滨水缓冲区空间处于相争阶段。

　　(2) 城市滨水缓冲区规划建设现状分析(基于满意度问卷调查和现场踏

勘)的结果表明,造成公众对城市滨水缓冲区规划建设现状不满意的因素主要有三个:①市政公用设施建设滞后,水污染问题还未得到根本性解决;②部分水岸线被周边用地填占、切割、挤压、胁迫,且情况较严重,水域与滨水建设用地缺乏必要的过渡区域;③滨水区道路尚不成体系,与城市腹地缺乏有效衔接,导致滨水公共开放空间的可达性较差。

(3)城市滨水缓冲区生态要素和功能要素的集对分析结果显示:东湖、沙湖、墨水湖的总指标等级为"良",南湖、野芷湖的总指标等级为"中",龙阳湖的总指标等级为"差"。综合现状调查得出,基于集对分析理论对武汉典型城市滨水缓冲区的综合评价模型的计算结果与实际情况基本相符,说明该方法是切实可行的。

(4)将城市滨水缓冲区的相关规划成果和建设现状分层叠加的结果表明:自然湿地的干涸化、滨水用地开发的无序化以及缓冲区边界的不确定性,显著影响了城市滨水缓冲区的空间格局。城市规划与河湖水系、绿地等专项规划之间缺乏有效衔接,严重制约了滨水缓冲区的功能布局和空间组织。

基于本书的研究,针对不同类型的城市滨水缓冲区空间的调控策略给出以下建议。

(1)针对"水岸—缓冲区"型城市滨水缓冲区,应遵循保护优先原则,尽可能维持岸线的自然属性,通过加强水域和陆域的自然过渡与联系,使其充分发挥最大的生态景观效益,并在此基础上加强与城市发展的协调性,预留弹性增长空间,将其融入城市生态基底。

(2)针对"水岸—缓冲区—建设区"型城市滨水缓冲区,应通过城市更新,进一步优化滨水用地功能布局,重点协调不同陆域用地与滨水缓冲区功能的匹配性,使得滨水缓冲区成为多重协调功能的空间载体;加强滨水缓冲区规划管控的协调,实现滨水空间的多样性,有利于滨水缓冲区的弹性增长;建立"点、线、面"相结合的滨水要素控制体系,使其成为滨水地区协调发展的耦合基础。

(3)针对"水岸—缓冲区—廊道"型城市滨水缓冲区,应依托河湖水系构建网络状绿地,通过进行水岸纵向空间整合、横向空间拓展,实现胁迫环境下缓冲区空间增长的突破，从而为实现城市可持续发展奠定基本生态格局，为实现水体和绿地空间向城市的渗透提供了可行的途径，在滨水用地功能调整与空间耦合发展方面起到关键作用。此外，为保障城市滨水缓冲区空间调控顺利实施，本书提出了相应建议，包括编制滨水缓冲区专项规划、建立滨水缓冲区联动管理机制、完善公众参与决策机制等。

目　　录

第一章　绪　　论

我国已经历了近 40 年的快速城市化进程。与 1980 年相比,城市(镇)化水平由 18% 上升到 2015 年年末的 56.1%[①]。回顾城市建设发展史,不难发现城市的形成、发展以及演变大都与河湖水系息息相关。河湖水系不仅为城市提供各种生产、生活和生态系统服务功能,也是组织城市空间功能的结构性要素之一;滨水用地作为城市空间扩展与河湖水系相互交织的物质载体,是多种生态功能与社会功能的水陆交界区,在城市公共开放空间的塑造和生态系统服务功能的供给方面扮演着重要角色。

河湖水系与滨水用地在城市空间系统中发挥各自的功能效应,但也面临挑战:城市滨水用地的不合理建设对河湖水系平面形态和水文水质条件等方面的负面影响日趋严重,造成河湖水系空间萎缩、结构破碎化和生态功能退化,而河湖水系生态条件的持续恶化又反作用于滨水用地空间,直接影响滨水地区人民的生产和生活,进而阻碍城市功能系统的健康、有序发展,甚至引发一系列社会问题[②]。随着城市化的快速推进,生态文明建设成为新常态,尤其是根据生态型城市的构建要求,滨水用地布局不能只考虑生产、

[①]　源自 2016 年 1 月 19 日国家统计局发布的数据。

[②]　如媒体披露的 2002—2014 年我国重大水污染事件:贵州都匀矿渣污染事件(2002 年)、云南南盘江水污染事件(2002 年)、三门峡水库泄出"一库污水"(2003 年)、四川沱江特大水污染事件(2004 年)、四川青衣江水污染事件(2004 年)、重庆綦江水污染事件(2005 年)、黄河水沦为"农业之害"(2005 年)、松花江重大水污染事件(2005 年)、广东北江镉污染事故(2005 年)、吉林牤牛河水污染事件(2006 年)、湖南岳阳砷污染事件(2006 年)、四川泸州电厂重大环境污染事故(2006 年)、太湖、巢湖、滇池暴发蓝藻危机(2007 年)、江苏沭阳水污染事件(2007 年)、广州白水村"毒水"事件(2008 年)、云南阳宗海砷污染事件(2008 年)、江苏盐城水污染事件(2009 年)、山东沂南砷污染事件(2009 年)、湖南浏阳镉污染事件(2009 年)、紫金矿业铜酸水渗漏事故(2010 年)、哈药总厂陷"污染门"(2011 年)、江苏镇江水污染事件(2012 年)、山西苯胺泄漏事故的排污渠汇入浊漳河(2013 年)、汉江武汉段水质氨氮超标(2014 年)……这些事件不仅给当地造成巨大的经济损失和环境破坏,也给群众带来了极大的心理恐慌,一定程度地影响了地方政府的公信力。

资料来源:防灾网。

生活功能,还应重视其与河湖水系生态的和谐共存,满足经济社会可持续发展的需要;对于污染较严重的河湖水系,单纯采取切断污染源的措施,治理效果往往不理想,必须开展综合整治,通过多途径整治环境,才能逐步缓解河湖水系环境生态问题。滨水城市的人地关系议题亟待引起各界的共同关注。

第一节　研究背景

城市滨水缓冲区是位于城市河湖水系与滨水用地之间的一个过渡带,与人类生存、发展的关系密切,具有重要的生产、生活和生态功能。然而,由于城市化进程的加快,大多数河湖水系周围的滨水用地不断沦为城市建设用地,城市滨水缓冲区的空间范围不断地被挤压、胁迫,最终导致河湖水系空间萎缩、结构破碎化和生态功能退化,从而危害滨水城市人居环境的可持续发展。尽管一些城市为改善河湖水质开展了一系列针对河湖水环境的工程和生态修复措施,但目前部分城市的河湖水系周围缺乏滨水缓冲区,河湖水环境受不合理的滨水用地开发的影响而日益恶化,结果收效甚微。城市河湖水系环境治理和滨水用地开发的模式亟待转型,城市滨水缓冲区规划建设的相关议题和研究迫在眉睫。

一、政策层面——顺应国家生态文明建设新形势

2012 年 11 月,党的十八大从新的历史起点出发,做出"大力推进生态文明建设"的战略决策,从 10 个方面绘出生态文明建设的宏伟蓝图。生态文明建设坚持节约优先、保护优先、自然恢复为主的方针,着力推进绿色发展、循环发展、低碳发展,形成节约资源和保护环境的空间格局、生产方式及生活方式,从源头上扭转生态环境恶化的趋势,为人民创造良好的生产、生活环境。建设生态文明,意味着人类要与自然和谐相处,意味着生产、生活方式的根本改变,是关系人民福祉及民族未来的长远大计,也是全党、全国的一项重大战略任务。

面对城市河湖水系环境污染严重、生态系统退化的严峻形势,城市滨水

用地开发建设必须要树立尊重自然、顺应自然、保护自然的生态文明理念，形成人与自然和谐相处的思想观念，将城市河湖水系环境治理和滨水用地开发有机结合起来。

二、理论层面——拓展城市滨水区规划理论视野的需要

随着城市化进程的加快，滨水用地开发不断侵蚀河湖水系及其缓冲空间，滨水区人地关系矛盾日益凸显出来。城市滨水区规划理论源自 20 世纪 70 年代至 90 年代欧美国家滨水城市更新中的"复兴"行动，是针对水运、工业等传统产业的衰退造成滨水区衰落的现象，利用其良好的区位重新改造成旅游、休闲、文化、居住、景观等高品质的综合功能区，并以此带动旧城经济复苏的理论。自 20 世纪 90 年代后期以来，受欧美国家城市滨水区规划理论与建设实践影响，国内部分城市相继开展了一系列滨水区规划建设活动，但多数还停留在滨水旧区的用地功能调整与空间更新层次，较少关注滨水用地开发对河湖水系环境的生态影响，缺乏从生产、生活和生态功能层面出发的系统理论指导，造成建设过程存在一些误区。如部分城市在滨水区开发建设实践过程中，一味追求滨水用地开发的经济价值（掠夺式开发，忽视对河湖水系进行有效的保护），肆意填占河湖水系及其缓冲空间，人为地将河湖水系保护与滨水用地开发剥离开来，忽视了河湖水系与滨水用地在生产、生活、生态等功能方面的相互依存性。

鉴于此，公众改善水环境的呼声也越来越高。然而，现有着眼于陆域空间开发而忽视河湖水系环境保护的滨水区规划理论已无法适应城市人居环境可持续发展的要求，为了从根本上改变河湖水系空间萎缩、结构破碎化和生态功能丧尽的现状，城市滨水区规划亟待拓展理论视野，从关注滨水用地开发转向滨水缓冲区规划建设。

三、学科层面——交叉学科专业合作的客观需要

交叉学科专业合作是城乡规划学科处理和解决复杂性城市问题的基本途径之一。1999 年，在国际建筑师协会（UIA）召开的世界建筑师大会上，清华大学的吴良镛教授撰写了大会的主题报告，提出"人居环境科学"的思想。

吴良镛教授用东方融贯综合的哲学观念,整合交叉学科知识,论述人与生存环境的关系,提出建筑学、城市规划和风景园林的综合目标是为人类生活营造理想的聚居环境,为城乡经济、社会和环境的协调发展指明方向。2011年,"城乡规划学"成为一级学科,这是实现我国城乡建设事业发展和人才培养战略目标的历史性选择,也是应对纷繁复杂的城市问题的客观需要。

城市河湖水系环境问题是水文学、景观生态学、环境科学等领域近年关注的热点问题,然而一直以来并未获得城乡规划领域应有的认识和重视。事实上,城市河湖水系环境问题大多数是由于缺乏滨水缓冲区以及不合理的滨水用地开发建设造成的。因此,城乡规划领域不应在城市河湖水系问题研究中缺位,应当关注滨水缓冲区,并基于交叉学科知识,从空间维度重新审视滨水用地规划建设与河湖水系环境之间的关系,这对从根本上改善河湖水系环境,引导滨水用地空间有序发展,促进滨水用地与河湖水系的共生融合具有积极作用。

总之,在生态文明建设和城市发展转型的关键时期,从现状问题出发,探索城市滨水缓冲区划定及其空间调控策略,协调滨水缓冲区环境与经济社会可持续发展的关系,已成为滨水城市可持续发展的一个重要的科学问题。这不仅顺应国家生态文明建设新形势,符合学科发展及当前城市建设的要求,对城市整体环境的提升、滨水城市人地关系的协调、城市空间特色的塑造也具有一定的推动作用。

第二节　相关概念界定

一、城市滨水区

"滨水区"和"滨水地区","滨水地带"和"滨水空间"等词语经常被用来描述水边某一特定区域范围,对应的英语词汇都为"waterfront",其内容所指大致一样。从空间类型看,有海滨、江滨、河滨和湖滨等之分。

美国《海岸带管理法》和《沿岸区管理计划》对滨水区的范围界定:水域部分包括从水域到临海部分,陆域部分包括从内陆 100 ft(约为 30.5 m)至

5 mi(约为 8.1 km)不等的范围,或者一直到道路干线[①]。

国内学者对滨水区的概念也作了大量阐述。如金广君认为,滨水区是城市范围内水域与陆地相接的一定范围内的区域,是城市主要的公共开放空间[②]。王建国、吕志鹏[③],杨保军、董珂[④] 等人指出,城市滨水区(Waterfront)是城市中一个特定的空间地段,指"与河流、湖泊、海洋毗邻的土地或建筑,即城镇邻近水体的部分。"它既是陆的边沿,也是水的边缘。空间范围包括离岸边 200~300 m 的水域空间及与之相邻的城市陆域空间,其对人的吸引距离为 1~2 km,相当于步行 15~30 分钟的距离。城市滨水区的概念,笼统地说,就是"城市中陆域与水域相连的一定区域的总称",一般由水域、水际线、陆域三部分组成。

从上述解释不难看出,国外对滨水区的概念界定主要基于滨海城市而提出,而国内对滨水区空间范围界定的弹性幅度也比较大,水体类型的差异、解释者的不同理解以及水系的发达程度不同,滨水区概念的空间范围也存在较大差异。

本书认为,城市滨水区作为城市中自然生态系统与人工建设系统交融的城市公共开放空间,无论如何解释其含义应有一个中心思想贯穿始终,即它不仅应包括通过数理计算所得的水陆交错区域的用地实体环境范围,也应结合市民对滨水环境的感知体验(心理学概念上的滨水),囊括附着在该用地空间上的各种社会、经济、文化等人类活动所营造的非物质环境。水系规模的大小、滨水区空间类型的不同,其所承载的地域性人类活动也会表现出较大差异性。如意大利的威尼斯,我国江南水乡苏州、周庄等,滨水区实际可以指整个城镇。为明确本书研究对象,本书主要从用地角度界定城市滨水区概念。

依据《城市用地分类与规划建设用地标准》(GB 50137—2011),城市建设用地(urban development land)是指城市和县人民政府所在地镇内的居住

①　张庭伟,冯晖,彭治权.城市滨水区设计与开发[M].上海:同济大学出版社,2002.
②　金广君.日本城市滨水区规划设计概述[J].城市规划,1994(4):45.
③　王建国,吕志鹏.世界城市滨水区开发建设的历史进程及其经验[J].城市规划,2001,25(7):41-46.
④　杨保军,董珂.滨水地区城市设计探讨[J].建筑学报,2007(7):7-10.

用地、公共管理与公共服务设施用地、商业服务业设施用地、工业用地、物流仓储用地、道路与交通设施用地、公用设施用地、绿地与广场用地的统称。城市滨水区可理解为河湖水系周边一定空间范围内的各类城市建设用地的统称。城市滨水区陆域一侧的范围,应尽量与地形条件、铁路、道路等物理障碍相一致①,根据规划研究的需要、社会经济发展水平和城市建设实际,进行慎重界定。

事实上,由于地域环境背景、历史发展条件、经济发展阶段等的差别,很难找到一个界定城市滨水区的统一标准。本书根据研究需要,通过对武汉典型滨水用地的现状和居民滨水空间的使用进行调查和数据统计②,综合分析水域岸线的可达性和居民日常活动范围,将武汉城市滨水区的空间范围定义为水域岸线至腹地陆域500 m内的区域,这也是本书开展滨水缓冲区研究的重点考察范围。

二、滨水缓冲区

"缓冲"一词意指使冲力缓和,如缓冲作用③。"缓冲"对应的英文是"buffer",常用作定语,如 buffer zone,其英英解释为"country or area between two power states",即位于两个不同区域之间的过渡地带,起到缓冲、缓解、缓和作用④。"buffer zone"在国内各专业领域的称谓并不统一,有"缓冲区""缓冲带""河岸植被缓冲带"等。

在地理学领域通常叫缓冲区,是指地理空间目标的一种影响范围或服务范围,具体指在点、线、面实体的周围,自动建立的有一定宽度的多边形,数学表达式为:$B_i = (x : d(x_i, O_i) \leqslant R)$。缓冲区形态有很多种:点对象有三角形、矩形和菱形;线对象有双侧对称缓冲区,双侧不对称缓冲区或单侧缓

① 王建国,吕志鹏.世界城市滨水区开发建设的历史进程及其经验[J].城市规划,2001,25(7):41-46.

② 统计数据包括武汉的滨江区(长江、汉江)、滨河区(巡司河、府河、黄孝河)、滨湖区(中心城区40个湖).

③ 《新华汉语小词典》编委会.新华汉语小词典[M].北京:商务印书馆国际有限公司,2005:299.

④ 本书编委会.牛津高阶英汉双解词典[M].第四版增补本.北京:商务印书馆,牛津大学出版社,2002:176.

冲区;面对象有内侧缓冲区和外侧缓冲区。

在水文学、生态学、环境科学等领域,"buffer zone(缓冲区)"这一术语由Shelford 于 1941 年正式提出,原指通过在自然保护区建立缓冲区来减缓保护区内外的人类活动对自然保护区的影响。相比"buffer zone"而言,水文学、生态学、环境科学等领域,习惯性用"河岸带(riparian)"的称谓,如根据Lowrance 等人的研究①,河岸带既是水体与陆地生态系统物质、能量相互作用的交错区域,也是污染源与受纳水体岸边的缓冲带,其通过拦截、沉淀、吸收等物理作用及生态作用减少污染物质进入水体的可能性,从而起到隔离污染源、净化水体、保护水体的作用。20 世纪 70 年代,学术界提出了"河岸带"的定义,系指陆地上同河水发生作用的植被区域②。之后,该定义被拓展为广义和狭义两种。广义的河岸带是指靠近河边的植物群落,包括植物种类多样性及土壤湿度等同高地植被明显不同的地带,也就是任何对河流有直接影响的植被地带;狭义的河岸带是指河水、陆地交界处的两边,直至河水影响消失为止的地带③。目前大多数学者采用后一定义。显然,河岸带是介于河溪和高地植被之间的生态过滤带。它是最典型的生态过滤带,是河湖生态系统中各陆生和水生物种的重要栖息地④,具有明显的边界效应⑤。

在建筑学、城乡规划学领域,有关缓冲区概念界定的文献并不多见。王频、刘习康、孟庆林⑥从改善微气候环境角度,提出了绿色缓冲区概念,即具有一定宽度和规模的带状绿地。他们总结了绿色缓冲区在不同尺度空间的

① LOWRANCE R,ALTIER L S,WILLIAMS R G,et al. REMM:The riparian ecosystem management model[J]. Journal of Soil and Water Conservation,2000,55(1):27-34.

② FRANKLIN J F,PERRY D A,SCHOWALTER T D et al. Importance of ecological diversity in maintaining long-term site productivity[M]//Perry D A,et al. Maintaining the long-term productivity of Pacific Northwest forest ecosystems. Portland:Timber Press,1989.

③ RAEDEKE K J. Streamside management:riparian wildlife and forestry interactions[C]//Proceedings of a symposium on riparian wildlife and forestry interactions. Seattle:University of Washington,1988.

④ 高阳,高甲荣,刘瑛,等. 河溪缓冲带的功能及其科学管理[J]. 林业调查规划,2006(5):37-40.

⑤ 邓红兵,王青春,王庆礼,等. 河岸植被缓冲带与河岸带管理[J]. 应用生态学报,2001,12(6):951-954.

⑥ 王频,刘习康,孟庆林. CBD 绿色缓冲区应用初探[J]. 城市规划,2013,37(5):74-79.

应用:在宏观尺度下,通常以城市绿环的形式存在,主要应用在大城市与其周边郊区之间的过渡区域,以限制大城市的无序蔓延;在微观尺度下,包括建筑出口与公共空间之间过渡的绿地、广场空间以及建筑内侧的生态庭院空间;在中观尺度下,主要指在城市两个居民点之间作为缓冲的开敞地带,也包括内城居住区与其外围工业区之间的生态隔离带。

本书基于城乡规划学的视角,结合研究对象的类型特点,认为从城市空间角度出发,将"buffer zone"称作"缓冲区",更能体现"空间、场域、场所"等概念,故本书使用"缓冲区"的提法。综合相关领域的定义,本书认为:城市滨水缓冲区是水陆生态系统交错的地带,是连接河湖水系与滨水用地的功能过渡带,也是河湖水系的天然保护屏障,与人类生存、发展的关系密切,具有重要的生产、生活和生态功能,对于保护和修复河湖水系生态环境、遏制滨水用地开发对河湖水系空间的挤压和胁迫有着重要作用。

城市滨水缓冲区作为滨水区空间系统的重要组成部分(图1-1),具有边缘效应。它不仅是城市河湖水系与滨水用地之间的一个过渡带,也是促进河湖水系与滨水用地在生态、生产、生活等方面协调发展的重要纽带。

水陆相接的一定范围内
的区域为滨水区

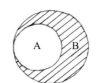

A:滨水缓冲区　B:滨水区
A∈B

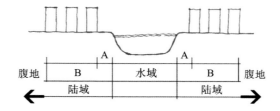

图1-1　城市滨水区、滨水缓冲区的空间关系示意

(图片来源:作者绘制)

8

三、空间调控

空间调控是指从城市空间角度出发，对某一特定区域内各物质要素的空间分布特征和组合关系进行调控，通过对各要素的总量、构成、布局等进行调整，以建立科学合理的空间模式。同时，其概念还包括对被调控要素的相互约束与协调，体现了不同要素之间相互作用、相互影响的过程。

本书讨论的城市滨水缓冲区空间调控，其内涵包括：①功能调控，通过对滨水缓冲区内的功能要素与生态要素进行优化，以实现生态、功能、空间的综合效益最大化；②空间调控，依托河湖水系网络系统进行轴带空间延伸，促进水岸、缓冲区、建设区、廊道等空间体系相互间的有序发展。

第三节　研究对象

本书的研究对象为城市滨水缓冲区，采用重点分析与比较研究相结合的研究思路，案例重点放在武汉的城市滨水缓冲区。样本的筛选过程如下。

笔者结合我国河湖水系分布情况，依托我国水系图和谷歌地球影像图，根据主要河流（长江、黄河、松花江、辽河、珠江、海河、淮河）年径流量、流域面积等数据统计，通过 GIS（地理信息系统）软件对沿主要河流分布的城市河湖水系数据提取、筛选得出，河湖水系较发达的城市主要集中在我国南方，特别是长江中下游地区。其中，大中城市代表有岳阳、武汉、鄂州、黄冈、黄石、九江、安庆、南京、苏州、杭州、上海等。从水系形态角度研判，岳阳—九江段主要以湖泊水系为主，九江—上海段以河流水系为主。湖泊水系与河流水系因在形态表征上不同，城市滨水区空间形态也存在显著性差异。

考虑到既有研究大多侧重于单一的滨海、滨河或滨湖城市类型，较少对河湖水系与滨水用地空间发展特征及其关联性进行深入的剖析。为使选取的研究对象具有代表性，不仅能兼顾滨水城市的共性特征，还有助于进一步揭示湖泊水系与河流水系在城市空间形态上的差异性，进而聚焦科学问题，保证研究的创新性。笔者结合对我国典型滨水城市的实地考察，最终确定以武汉的城市滨水缓冲区为研究样本地（图 1-2），主要基于以下几点考虑。

图 1-2 样本地——武汉城市滨水缓冲区(以中心城区三环线内为主)

(图片来源:作者绘制)

1. 典型性

武汉水系发达、湖泊众多,不仅被称作"江城"和"百湖之市",也是我国水系连通工程建设的示范城市。区域内通长江、纳汉水,接"三河"(武汉金水河、通顺河、府澴河),汇"三水"(滠水、倒水河、举水)。2012 年全年过境水量为 7566 亿立方米,客水资源丰富。全市江河纵横,河港沟渠交织,长江、汉水交汇于城市的中心区域,且接纳南北支流入汇,主要河流受主流水力冲刷的影响并横向摆动发育,河床被泥沙阻挡,顶托成湖。众多大小湖泊镶嵌在主要河流两侧,经由明渠连接,形成湖泊水网。

根据 2012 年度武汉市土地变更调查与遥感监测结果,截至 2012 年年底,武汉市域土地总面积为 8494.41 km²。其中:水域及水利设施用地面积为 2513.86 km²,占 29.59%[1](其中,水域面积为 2117.6 km²,占全市总面积的 24.93%,居全国大城市之首)。根据 2012 年武汉市水资源公报[2],武汉市境内长 5 km 以上的河流有 165 条,湖泊面积大于 0.05 km² 的有 166 个,水库共 272 座(其中大型水库有 3 座,中型水库有 6 座,小型水库有 263 座)。全市共有 10 条主要江河,分别是长江、汉江、东荆河、通顺河、武汉金水河、府河、滠水、倒水河、举水、沙河。市域内长江、汉水流程分别为 145 km 和 62 km,其他支流流程达 345 km,岸线长达 1100 km。全市主要湖泊共有 166 个,其中,中心城区湖泊有 40 个(表 1-1,图 1-3)。全市港渠众多,其中中心城区现有较大的河港、沟渠 44 条,比较重要的港渠,如汉口地区的机场河、黄孝河、禁口明渠、新墩明渠,汉阳地区的夹河、四湖连通港,武昌洪山地区的青菱河、巡司河,青山地区的罗家港、青山港、东湖港、和平港等,总长度约 172.5 km。

表 1-1 武汉市中心城区湖泊基本信息(2012 年)

编号	湖泊名称	所在行政区	岸线长度/km	湖泊面积/km²
1	塔子湖	江岸区	3.55	0.31
2	鲩子湖	江岸区	2	0.094
3	西湖	江汉区	1	0.06
4	北湖	江汉区	1.3	0.094
5	机器荡子	江汉区	1.3	0.104
6	菱角湖	江汉区	1.62	0.09
7	后襄河	江汉区	1.36	0.043
8	小南湖	江汉区	1.4	0.035
9	张毕湖	硚口区	6.7	0.486
10	竹叶海	硚口区	2.2	0.187

---

① 作者根据武汉市情网资料整理。
② 作者根据武汉市水务局官网资料整理。

续表

编号	湖泊名称	所在行政区	岸线长度/km	湖泊面积/km²
11	莲花湖	汉阳区	1.7	0.076
12	墨水湖	汉阳区	23.7	3.638
13	月湖	汉阳区	8.2	0.708
14	龙阳湖	汉阳区	14.3	1.68
15	南太子湖	武汉经济技术开发区	14.1	3.571
16	北太子湖	武汉经济技术开发区	5.0	0.524
17	三角湖	武汉经济技术开发区	9.4	2.391
18	紫阳湖	武昌区	3.5	0.143
19	四美塘	武昌区	2.1	0.077
20	内沙湖	武昌区	1.1	0.056
21	晒湖	武昌区	1.9	0.122
22	水果湖	武昌区、东湖生态旅游风景区	1.6	0.123
23	外沙湖	武昌区、东湖生态旅游风景区	9.8	3.078
24	东湖	东湖生态旅游风景区	缺	33.989
25	北湖	青山区	6.9	1.933
26	严西湖	东湖新技术开发区、青山区	72.73	14.231
27	严东湖	东湖新技术开发区	40.7	9.111
28	车墩湖	东湖新技术开发区	9.2	1.735
29	五加湖	东湖新技术开发区	3.5	0.125
30	南湖	洪山区、东湖新技术开发区	23	7.674
31	野芷湖	洪山区	9.6	1.615
32	杨春湖	洪山区	4.5	0.576
33	竹子湖	武汉化工新区	2.2	0.665
34	青潭湖	武汉化工新区	6.1	0.602
35	野湖	洪山区、江夏区	13.6	2.996

续表

编号	湖泊名称	所在行政区	岸线长度/km	湖泊面积/km²
36	青菱湖	洪山区、江夏区	35.7	8.844
37	黄家湖	洪山区、江夏区	24	8.118
38	汤逊湖	江夏区、洪山区、东湖新技术开发区	122.8	47.625
39	金湖	东西湖区	57.1	8.161
40	银湖	东西湖区		

（资料来源：作者根据相关资料整理①）

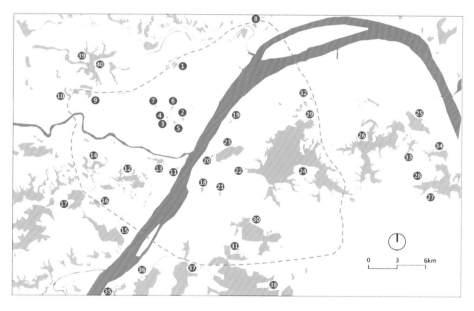

图 1-3　武汉中心城区河湖水系分布图

（图片来源：作者绘制）

　　2010 年，国务院在对《武汉市城市总体规划（2010—2020 年）》的批复中明确提出要将武汉市建设成为具有"滨江、滨湖特色的城市"。随着城市化

---

　　①　武汉市水务局。

进程加速,武汉城市经济社会获得全面发展。近年来,迫于城市人口的持续增长,中心城区可利用的开放空间越来越少,外加城市空间外延扩张和内部功能提升的双重动力驱使,武汉市滨水用地开发和更新改造呈日益增长的发展趋势。随着城市化的快速推进,武汉城市滨水用地空间急剧扩张[①],水系廊道被肆意填占和阻隔,水环境污染问题日益突出,河湖水系结构与功能已发生了根本性变化。这既是我国当前许多滨水城市建设的共同写照,也给相关科学问题的研究提供了丰富的素材。

2. 数据的可获取性

笔者长期在武汉生活、工作,客观上为持续地开展城市滨水缓冲区专题调研工作提供了便利条件。近几年来,武汉市域,特别是中心城区三环线内的河湖水系周边滨水用地开发与再开发活动加速,滨水空间无序化发展和水环境恶化等问题日益凸显。在此背景下,笔者结合教学与科研实践,针对武汉城市滨江、滨河和滨湖地区做了大量较深入的专题调查和跟踪记录,进一步加深了对城市滨水缓冲区议题的认识和理解,为本书的研究分析积累了重要的原始数据。

综上所述,本书采用重点分析与比较研究相结合,基于样本地的典型性和数据的可获取性分析,最终确定以武汉的城市滨水缓冲区为研究样本地,重点考察武汉市中心城区三环线以内的滨江(长江、汉江)、滨河(黄孝河、巡司河)和滨湖地区(东湖、沙湖、南湖、野芷湖、墨水湖、龙阳湖),对比研究样本为国内外其他城市的滨水缓冲区。研究范围聚焦在城市河湖水系与滨水用地之间的过渡区域(即本书中所称的城市滨水缓冲区)。

---

①　笔者注:在武汉市的城市总体规划中,规划布置了江北、江南两个核心区,核心区均沿长江布置,集中体现现代国际化城市和中国中部地区中心城市的职能,重点布局以商业、金融、贸易、办公、信息咨询服务为主的第三产业用地。汉江两岸滨水区将建设成为集商贸旅游、生态居住于一体、体现江城文化特色的现代化城市滨水区。据不完全统计,近5年来,武汉市改造建设滨水道路约43 km,投入资金5.1亿元。同时,改造开发滨水区160 hm²,招标出让土地80 hm²,储备土地400 hm²,改造搬迁企业近百家。

第四节　研究目的及意义

一、研究目的

1. 揭示城市滨水缓冲区空间演化的阶段特征和客观规律

本书以武汉城市滨水缓冲区为研究对象,通过运用低影响开发、海绵城市、城市再生等相关理论,依托历史地图和"3S"等技术的数据提取功能和空间分析功能,结合典型案例研究,揭示城市滨水缓冲区空间演化的阶段特征和客观规律。

2. 确定城市滨水缓冲区的划定方法

通过剖析国内外城市滨水缓冲区规划建设实践经验及不足,结合典型城市滨水缓冲区空间调查,在分析滨水缓冲区内不同要素的变化特征和影响因素基础上,确定不同类型城市滨水缓冲区的划定方法。

3. 构建城市滨水缓冲区的评价体系

在对典型城市滨水缓冲区现状问题展开调查的基础上,综合分析滨水缓冲区的影响因素,选取关键性因子,在兼顾合理开发利用和生态保护的前提下,构建城市滨水缓冲区的评价体系。

4. 明晰城市滨水缓冲区空间调控策略

结合典型城市滨水缓冲区评价分析,对城市滨水缓冲区空间进行分类引导和格局优化,有针对性地提出城市滨水缓冲区空间调控策略,以实现在城镇化和生态文明建设背景下滨水用地的有序开发与更新,河湖水系结构与功能不断完善,从而实现城市滨水缓冲区生产、生活和生态功能的有机融合。

二、研究意义

1. 理论意义

有关城市滨水区的研究虽多，但大都只侧重某一种滨水空间类型展开研究，或滨海，或滨江（滨河），或滨湖，很少对滨水区的缓冲区部分（即本研究所指的滨水缓冲区）进行专门研究。本研究从揭示城市河湖水系建设与滨水用地开发相互剥离现象入手，提出"滨水缓冲区"概念，将河湖水系与滨水用地作为整体进行研究，提出应把河湖水系的生态服务功能与城市滨水用地的生产和生活服务功能结合起来：一方面，河湖水系建设需要城市滨水用地开发作为有力的支撑条件，以保证其生态服务功能的可持续性；另一方面，城市滨水用地开发须重视对河湖水系生态环境的有效保护，兼顾经济效益、社会效益和环境效益，实现综合效益最大化。

有关滨水缓冲区方面的研究，虽已在景观生态学、水文学、环境科学等领域得到重视，但在城乡规划领域还处于探索阶段。本研究基于空间规划维度，综合应用景观生态学、水文学、环境科学等领域的研究成果，根据对武汉城市滨江、滨水和滨湖缓冲区空间发展状况的分析，有针对性地提出城市滨水缓冲区的划定方法与空间调控策略，可弥补现有相关研究的不足。"滨水缓冲区"概念的提出，其意义不在于孤立地控制，而在于取得缓冲区两侧不同空间的平缓连接，目标是促进河湖水系与滨水用地在生态、生产、生活功能上的融合。本研究框架可为今后开展相关研究提供理论参考。

2. 实践意义

本研究依据笔者对典型滨水城市建设现状问题的跟踪调查与持续思考，针对城市河湖水系建设与滨水用地开发互相剥离的现象，结合案例实证分析当前城市滨水缓冲区空间发展历程，在此基础上揭示城市滨水缓冲区空间发展的阶段特征和客观规律，提出在完善河湖水系结构与功能的基础上，合理引导滨水用地健康有序发展，促进滨水缓冲区的人地和谐共生。滨水缓冲区的划定不仅对维护局部生态系统功能有直接的作用，而且有助于在景观上形成一个连接度很高的水系生态网络,使滨水公共开放空间融入城市功能系统中,对于类似城市保护和改善城市河湖水系生态环境,有序推进城市滨水用地开发建设具有一定的实践意义。

第五节　研 究 内 容

本研究围绕城市滨水缓冲区的划定与空间调控策略核心问题而展开,主要以武汉城市滨水缓冲区的空间形成与演变为基础,研究不同时段和阶段的滨水缓冲区空间的特点,探讨滨水缓冲区的划定与空间发展策略。从城乡规划学的视角,以低影响开发、海绵城市、城市再生等理论为指导,借助GIS、景观生态学等分析方法,寻求滨水缓冲区空间格局与河湖水系、滨水用地之间的联系;并借助景观生态学、水文学、环境科学等领域的研究成果,在滨水缓冲区空间形态变迁的复杂表象下,探求其发展变化的客观规律,并提出滨水缓冲区的划定方法和有针对性的空间调控策略。研究的主要内容如下。

第一章为绪论,主要为研究设计,提出本研究的选题背景、研究内容、研究方法及框架结构。通过概念界定明确研究范围,对研究对象的全面概述有利于明晰研究的侧重点;通过梳理研究思路和技术路线,以便选择利用相关方法。

第二章作为本研究的理论基础,主要从低影响开发、海绵城市、城市再生等角度,梳理其理论的发展脉络,构建滨水缓冲区空间演变、识别及空间调控研究理论框架。通过对国内外相关研究的综述,明确了城市滨水缓冲区研究体系的不足,为本研究找到切入点。

第三章根据城市滨水缓冲区规划建设实践,得出相关的经验与启示。在探索滨水缓冲区的发展时,应将其与城市空间结构调整相结合,引导滨水用地有序、适度开发。

第四章运用GIS软件、FragStats软件(景观格局分析软件)和SPSS(统计产品与服务解决方案软件)等技术手段,对武汉城市滨水缓冲区空间发展

历程、现状及特征进行阐述。从城乡规划学的视角，整合景观生态学、水文学、环境科学等领域的相关研究成果，对武汉城市形成以来的不同历史时期的滨水缓冲区空间进行历时态、分阶段研究，揭示了各阶段的滨水缓冲区空间演变的特征与客观规律。

第五章根据问题调查和滨水缓冲区影响因子分析，确定城市滨水缓冲区的划定方法。结合层次分析法和专家打分法，选取核心表征指标，提出城市滨水缓冲区综合测度评价体系框架。基于典型滨水缓冲区测度分析，归纳总结其空间形成及发展的影响因素，研究地方政策、规划设计、规划建设、规划衔接等因素共同作用于滨水缓冲区的表现状态。

第六章根据滨水缓冲区空间的集对分析结果及田野调查，在分类调控的指导思想下，得出滨水缓冲区的主要类型，在此基础上确定相应的空间调控目标，并从生态要素、功能要素和空间要素三个层面，有针对性地提出不同类型滨水缓冲区的空间调控策略。

第七章对主要成果进行总结，提出本次研究的创新性结论，分析研究的局限性与不足，并对今后进一步研究提出展望与设想。

第六节　研究方法与技术路线

一、研究方法

本研究的研究方法如下。

1. 叠图分析 (overlay analysis)

叠图分析（也称"叠加分析"或"叠置分析"）是地理环境综合分析和评价的一种重要手段，指在相同的空间坐标系统下，将同一地区不同地理特征的空间和属性数据重叠相加，以彰显空间区域的多重属性特征，或建立地理对象之间的空间对应关系。前者一般用于搜索同时具有几种地理属性的分布区域，以及对叠合后产生的多重属性进行新的分类，称为空间合成叠合；后者一般用于提取某个区域范围内某些专题内容的数量特征,称为空间统计叠合。

本研究通过整理典型城市特定时期的历史地图、遥感影像图、建设现状图(包含谷歌地球图)、城市规划图,基于 GIS 空间分析技术和多目标分析技术,采用叠图分析方法,我们不仅可以清晰地判断城市滨水缓冲区空间演进规律,还能在城市历史地图、建设现状图、城市规划图之间比对、推演和解译城市滨水缓冲区空间演变过程中的隐形逻辑。

2. 学科交叉

本研究以城市空间规划理论知识为依托,同时借鉴了水文学、景观生态学、生态学的相关研究成果,并根据城市滨水缓冲区的具体特点进行综合运用,通过景观格局指数计算软件 FragStats 4.2、集对分析模型、统计分析软件 SigmaPlot 12.5 对河湖水系斑块、廊道的空间特征与城市滨水用地空间扩展之间的关系进行回归分析,探寻滨水缓冲区空间演进的一般规律,并将各时期的城市规划图与其对应的河湖水系、滨水用地开发现状(以各时期的遥感影像图为基础)进行比对,为科学确定滨水缓冲区的认定标准打下坚实的基础。

3. 田野调查

本研究为客观反映城市滨水缓冲区空间发展状况,采取田野调查法,分别对典型城市滨水缓冲区空间发展状况进行跟踪调查,结合调查问卷(含网络调查)、专题访谈、个案分析等手段,不仅为本书的研究提供了可靠的第一手资料和基础数据,也使得城市滨水缓冲区空间发展策略更具针对性和可行性。

4. 文献阅读

查阅相关文献的不仅有助于认识河湖水系与城市用地空间扩展之间的关联性,明晰当前城市滨水缓冲区空间发展过程中存在的主要问题及其驱动机制,还有助于厘清现有研究的薄弱处和空白点。通过对低影响开发、景观生态学、海绵城市以及人居环境科学等理论知识的学习,为有针对性地提

出城市滨水缓冲区空间发展策略奠定了坚实基础。

二、数据来源及处理

（一）图形数据

本研究的图形数据主要有两类：一类是古代历史地图，一类是遥感影像图。

考虑到我国古代历史地图较偏重写意，较难满足本研究对滨水缓冲区空间演变分析的定量化要求。因此，典型遥感数据的选择直接影响结果的代表性。为全面反映样本城市滨水缓冲区的时空演变规律（滨水缓冲区依托河湖水系和滨水用地而存在，需要综合分析河湖水系与滨水用地空间变化，才能得到滨水缓冲区的空间变化），通常需要分析研究某一时间段的同源遥感影像，工作量相对较大。根据不同研究需要，这些遥感影像可以是连续的影像，也可以选择具有代表性的若干期遥感影像对研究时段的城市滨水缓冲区空间演变特征进行概括。

本研究在筛选图形数据时，主要基于以下几点考虑。

1. 样本图形数据的年份要求

城市空间是城市社会、经济、政治、文化等要素运行的载体，各类城市活动所形成的功能区则构成了城市空间结构的基本框架。伴随着社会文明的进步、经济的发展、城市战略的优化、文化认同的觉醒以及自然环境的变迁，功能区不断改变各自的结构形态和相互位置关系，并以用地形态来表现城市空间结构的演变过程和演变特征。因此，筛选的图形数据应与研究对象的城市空间发展的重要节点（阶段）相吻合，以体现其典型性。

2. 样本图形数据源成像精度

图形分辨率要保证精度，平均云量要尽可能少，以便于 GIS 软件进行高质量的监督分类，减少云量对判读精度的影响。

3. 样本图形数据的季相要求

在同一地区，河湖水系的水位往往受季节变化、降雨量影响，而水位变化会带来河湖水系岸线的变化。通常在同一季节,不同年份的河湖水系的水位大都保持着相当的稳定性。因此,在筛选典型图形数据时,应保证在同一季节,要求都为丰水期(汛期)或枯水期,以确保 GIS 软件提取各年份的河湖水系岸线数据具有可比性,从而降低因不同季节的水位变化,而干扰 GIS 软件判读河湖水系岸线数据。

4. 样本河湖水系的水域面积要求

笔者运用 ENVI 软件(完整的遥感图像处理平台)进行河湖水系遥感数据监督分类时,发现斑块面积在 50 hm² 以下的河湖水系数据提取的误差相对较大。为保证研究基础数据的可靠性,本研究将样本河湖水系斑块面积设定为 50 hm² 以上(武汉市中心城区三环线内满足条件的湖泊有 6 个,分别是东湖、沙湖、南湖、野芷湖、墨水湖、龙阳湖),其滨水用地开发建设应具备一定规模,滨水空间的功能类型发展基本成型。

综合以上要求,为了更准确地考察武汉城市滨水缓冲区空间演进之间的规律和联系,根据笔者搜集的数据,结合武汉城市空间实际发展情况,本研究以遥感数据作为基础数据,其筛选的过程具体如下。

根据武汉城市空间扩张过程图得知,改革开放以前,武汉城市空间发展框架充斥着太多的"非理性",特别是在 20 世纪六七十年代后,武汉的城市建设和中国绝大多数城市一样几乎陷入停滞和无序混乱的状态中。随着 1978 年十一届三中全会的召开,武汉市作为区域多功能的社会经济活动中心,得到了新的建设和发展。但总体来看,在改革开放初期,武汉城市空间格局演变不剧烈。1984 年,武汉成为经济体制综合改革的试点城市之一,计划单列,为武汉的城市发展留下了巨大的弹性空间。随着 1992 年社会主义市场经济体制初步建立,土地有偿使用制度开始全面实施,武汉被批准为对外开放城市、开放港口,标志着武汉进入了新的重要发展阶段[①]。

伴随城市建设填占湖泊问题愈演愈烈,湖泊水质持续恶化,为维护生态

---

① 张文彤,刘奇志.改革开放 30 年武汉城市空间格局之演变[J].北京规划建设,2009(1):93-97.

环境、遏制填湖行为、指导城市规划建设,经 2001 年 11 月 30 日武汉市第十届人大常委会第 29 次会议通过,2002 年 1 月 18 日湖北省第九届人大常委会第 29 次会议批准,出台了《武汉市湖泊保护条例》。该条例自 2002 年 3 月 1 日起施行,标志着武汉城市湖泊保护、规划、管理步入法制化阶段。

此外,不同时期的武汉城市总体规划也对滨水区空间特色展开了专题研究,特别是《武汉市城市总体规划(1996—2020 年)》《武汉市城市总体规划(2006—2020 年)》和《武汉市总体规划(2010—2020 年)》,都对武汉市城市空间布局与塑造产生了较深远影响。

以上述内容为依据,为使选取的基础数据与武汉城市空间发展的重要节点相吻合,做到数据的同源性(数据来源应相同,以避免不同数据源配准、校正带来的误差),经笔者反复比照,本研究特选取武汉市 1983 年、1992 年、2002 年和 2013 年四个时段 Landsat TM(ETM+)数字遥感影像,分别代表以下几个时期。

(1)改革开放初期——1984 年武汉市计划单列以前。

(2)武汉市计划单列——1992 年社会主义市场经济体制确立之前。

(3)社会主义市场经济体制确立——2002《武汉市湖泊保护条例》出台之前。

(4)《武汉市湖泊保护条例》施行——2013 年武汉市中心城区湖泊“三线一路”保护规划正式实施。

考虑到数据的可获取性,以及综合权衡图形数据的分辨率、准确性对研究成果的影响之后,本研究选择的遥感影像数据分辨率为 30 m,基本能满足研究需要;选取的遥感影像的平均云量设定在 0.3 以下,可确保数据的清晰度和辨识度;数据的成像时间设定在研究年份的 6—9 月。这是因为该时期为武汉的丰水期,河湖水系的水位相对较高,且水系岸线的轮廓较分明。这对水系数据的提取非常有利,且对后面研究确定滨水缓冲区具有重要的参考意义。

(二) 现状调查

为获取较翔实的第一手资料,在着手研究之前以及本书创作过程中,笔

者多次组织调研团队,就研究对象典型区域的河湖水系与滨水用地的环境
质量状况、土地使用情况(依据谷歌地球影像图进行用地识别与判读,这在
一定程度上弥补了遥感影像精度的不足)以及居民日常使用情况展开实地
踏勘;同时,对滨水区周边普通市民、科研设计单位、开发企业以及规划、园
林、环保和水务等管理部门分别进行问卷(访谈)调查,进而掌握不同利益群
体对滨水缓冲区空间关注的共同点及差异,在此基础上,解析城市滨水缓冲
区规划建设过程中的问题及其症结。

1. 调研过程划分

调研过程可划分为以下三个阶段(图1-4)。

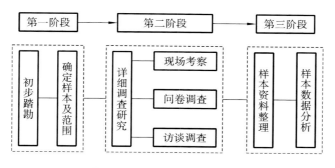

图 1-4　调研过程(作者绘制)

第一阶段:初步踏勘,将调研范围定位在武汉市域层面,对市域河湖水
系及其滨水用地发展现状有了一个整体认知,然后通过反复筛选、比对,确
定样本地及研究范围,力求使选择的样本在时间和空间上都有典型性、可比
性,从而保证整体样本的全面性。

第二阶段:重点锁定,将调研范围定位在武汉市中心城区层面,通过现
场考察、问卷调查及访谈调查,就受访者对样本地河湖水系及其滨水用地空
间的满意度和问题焦点有较全方位的把握。

第三阶段:深入研究,以第二阶段的详细调查为基础,对样本地调查数
据进行分类整理与深入研究,在分析过程中力求做到客观,以保证所得到的
调查结论适用性强,为进一步提出应对策略提供现实依据。

2. 调研组织形式

（1）现场考察：针对样本河湖水系及滨水用地现状，主要考察样本地的道路交通体系、水环境状况、滨水用地状况、绿地景观环境、滨水公共空间使用状况，通过拍照和手绘草图的方法记录情况。

（2）问卷调查：针对普通居民、"爱我百湖"网民、城市规划行政管理部门和科研设计单位等分别设置了不同的调查问卷。其中，对普通居民和"爱我百湖"网民使用 A 调查问卷，共 13 个题（选择题 12 个，问答题 1 个）；对城市规划行政管理部门和科研设计单位使用 B 调查问卷，共 11 个题（选择题 6 个，问答题 5 个）。

（3）访谈调查：专题系列访谈内容涉及 10 个方面。调查对象分为两部分：一部分是针对普通市民，即在样本地现场考察过程中，笔者对受访者进行了较深入的访谈，不只限于调查问卷中涉及的问题，其主要目的是深入了解受访者的一些主观想法；另一部分是针对科研机构专家、高等院校学者以及涉水相关管理部门（规划局、水务局、园林局、环保局等）职员，笔者立足问题调查，围绕当前城市河湖水系保护和滨水用地开发过程中存在的问题，采取登门拜访、打电话、发邮件等方式，征询受访者的基本看法，从而保证了调查的深度和广度。

（三）统计数据

本研究所指的统计数据主要包括研究对象的国民经济和社会发展统计公报（改革开放至 2013 年）、市志、城市规划建设年鉴以及城市发展报告。本研究通过文献阅读、网络搜集以及赴相关部门调研，运用数学统计分析软件 SigmaPlot 12.5 对相关数据进行梳理，比照研究对象的遥感影像数据库及现状调查，借助定量和定性分析，归纳、总结城市滨水缓冲区空间演进的基本特征及其驱动力机制，从而为进一步提出科学的规划策略打下坚实的基础。

三、测度指标的选取

本研究根据研究内容的目标指向，有针对性地选取了相应的测度指标，力求做到定量分析与定性分析相结合。

在揭示城市滨水缓冲区空间变化的作用机制时,为便于描述样本城市河湖水系景观数量的动态变化情况,弄清滨水缓冲区状况,主要选取了斑块数量、面积、斑块密度、斑块分维数等景观格局指标(根据 ENVI 软件提取的遥感影像数据,由 FragStats 4.2 软件计算得到)。有关指数具体计算方法及生态意义说明如下。

(1) 斑块数量(NP):斑块数量是针对景观中具体斑块类型的度量,与景观中斑块类型面积变化系数结合,用以判别景观中斑块的碎化程度,公式为:

$$NP = n_i \qquad (1-1)$$

式中,n_i——第 i 类斑块的总数目。

(2) 面积(TA):指景观总面积,决定了景观的范围以及研究和分析的最大尺度,是计算其他指标的基础,公式为:

$$TA = \sum_{i=1}^{n} a_{ij} \left(\frac{1}{10000}\right) \qquad (1-2)$$

式中,a_{ij}——某一类斑块中的某一个斑块的面积;

i——斑块类型;

j——某一斑块类型中的某个斑块。

(3) 斑块密度(PD):斑块个数与面积的比值。比值越大,景观的破碎化程度越高,它反映了景观空间结构的复杂性。根据这一指数可以比较不同类型景观的破碎化程度和整个景观的破碎化状况。为景观要素或景观水平上度量景观组成的指标,及每 100 hm² 中某类斑块的数量,用以反映景观结构变化,公式为:

$$PD = \frac{n_i}{A}(10000)(100) \qquad (1-3)$$

式中,A——景观总面积;

(10000)(100)——乘以 10000 和 100 表示转化为 100 hm²。

(4) 斑块分维数(FRAC):分形理论由 landelbrot 在 1973 年创立,分形具有精细的结构,即在任意小的比例尺下,都可分为更加精细的细节。它很

不规则,它的局部和整体都难以用传统的几何语言来描述,但它同时具有某种相似性,可以用简单的方法来度量分形分维的方法。斑块分维数是指景观单元水平上的斑块自相似性程度,采用景观斑块周长四分之一的对数与斑块面积的对数商的 2 倍来表示。一般而言,其值越大,形状越无规律,人为干扰斑块形状较规则,自然斑块的形状较无规律,公式为:

$$\mathrm{FRAC} = \frac{2\ln(0.25p_{ij})}{\ln a_{ij}} \qquad (1\text{-}4)$$

式中,p_{ij}——具体类型中某个斑块的周长。

为便于定量地描述城市河湖水系景观变化的速度,预测未来变化的趋势,本研究借用土地利用动态变化度模型来分析河湖水系景观数量的动态变化情况。该指数表示的是研究区一定时期内某种景观类型的数量变化情况,其表达式为:

$$K = \frac{U_b - U_a}{U_a} \times \frac{1}{T} \times 100\% \qquad (1\text{-}5)$$

式中,K——研究时段内某一景观类型动态度;

U_a——研究初期某一景观类型的数量;

U_b——研究末期某一景观类型的数量;

T——研究时段长。当 T 设定为年时,K 即为该区域某一景观类型的年变化率。

(5)岸线占用率(C):在梳理田野调查成果时,为便于定量描述滨水区岸线的使用现状,本研究提出采用岸线占用率指标来分析河湖水系周边各种土地利用类型的分配情况,其表达式为:

$$C = \frac{L_i}{L} \times 100\% \qquad (1\text{-}6)$$

式中,C——研究区内某一土地利用类型的岸线占用率;

L_i——研究区内某一土地利用类型占用的岸线长度;

L——研究区内的河湖水系岸线长度。

四、研究框架

本书的研究框架如图 1-5 所示。

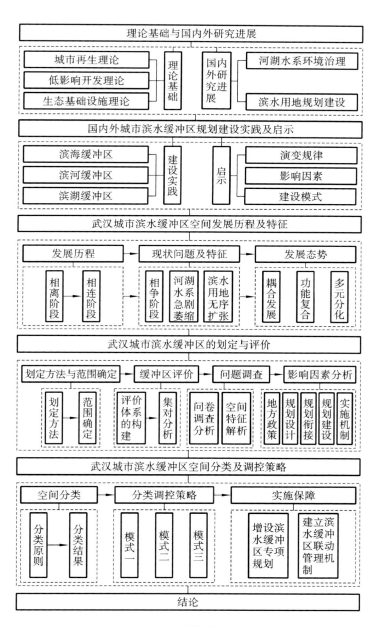

图 1-5 本书的研究框架

（图片来源：作者绘制）

第七节　本章小结

　　本章剖析城市滨水缓冲区空间的研究背景,界定了"城市滨水区""滨水缓冲区"等相关概念,遵循重点分析与比较研究相结合的研究思路,结合对我国典型滨水城市的实地考察,最终确定以武汉城市滨水缓冲区为样本地,案例重点为武汉市中心城区三环线以内的滨江(长江、汉江)、滨河(黄孝河、巡司河)和滨湖地区(东湖、沙湖、南湖、野芷湖、墨水湖、龙阳湖),对比研究为国内外其他城市的滨水缓冲区。研究的聚焦点放在城市河湖水系与滨水用地之间的过渡区域(即本研究称作的城市滨水缓冲区)。本研究从揭示城市河湖水系建设与滨水用地开发相互剥离的现象入手,针对城市绿线、蓝线划定过程中存在的问题,提出城市滨水缓冲区概念,将河湖水系与滨水用地的生态、生产和生活功能纳入一体考虑,提出城市滨水缓冲区的划定及其空间调控策略的研究思路,可弥补现有相关研究之不足。"滨水缓冲区"概念的提出,其意义不在于孤立地控制,而在于取得缓冲区两侧不同空间(河湖水系、滨水用地)的平缓连接,其目标是促进河湖水系与滨水用地在生态、生产、生活功能的融合与和谐发展。本研究的研究框架不仅可以为今后开展类似相关研究提供理论参考。而且对于类似城市保护和改善城市河湖水系生态环境,有序推进城市滨水用地开发建设具有一定的实践意义。

第二章 研究理论基础和国内外相关研究进展

第一节 研究理论基础

一、城市再生理论

城市再生理论产生于20世纪90年代,彼得(R. Peter)给"城市再生"下了个初步的定义:"城市再生是一项旨在解决城市问题的综合、整体的城市开发计划与行动,以寻求某一亟须改变地区的经济、物质、社会和环境条件的持续改善。"其包含的理论框架主要有:城市物质改造与社会响应;城市机体中诸多元素持续的物质替换;城市经济与房地产开发、社会生活质量提高的互动关系;城市土地最佳利用和避免不必要的土地扩张;城市政策制定与社会惯例的协调及城市可持续发展。

与"城市再生"(urban revitalization)类似的概念还有"城市改建"(urban redevelopment)、"城市改造"(urban renovation)、"城市更新"(urban renewal)、"城市复兴"(urban regeneration),它们都是西方内城复兴理论与实践的重要组成部分,但各有所侧重。东南大学王建国教授将"城市再生"定义为:城市在适应社会经济、技术发展和历史文化延续等方面的新变化时,所开展的城市改建、用地功能和资源重组及相应城市环境的整治和改造。通常,城市再生的对象主要指的是城市旧城区,调整、改善城市旧城区的功能,提升甚至再造城市历史城区的活力和环境品质是城市再生工作的重点①。城市再生应对的是社会转型过程中产生的城市社区衰退、贫困和社

---

① 王建国."城市再生"与城市设计[J].城市建筑,2009(2):3.

会隔离问题,以物质环境与人的互动关系为方法论的前提,其工作内容不仅包括物质环境的再生,也包括旧城经济功能和社会机能的再生。

城市再生理论对滨水缓冲区规划建设的启示如下。

(1)滨水缓冲区的规划建设不应局限于本身的范围,而应从与城市其他区域共同发展的角度着手,根据周边区域的发展态势确立整体功能定位,并通过交通路网系统、开放空间等方式扩大其对周边区域的影响,促进共同发展。

(2)滨水缓冲区的规划建设应注重城市历史文化的延续,通过对构成要素的优化组合配置,实现新旧城市空间的有机联系,并在协调整体风貌的前提下,赋予滨水区与历史街区新的内涵。

(3)滨水缓冲区的规划建设应坚持可持续发展的原则,将社会功能的完善和生态环境建设相结合,全面提升城市空间的人居环境品质。

二、低影响开发理论

低影响开发(low impact development,简称 LID)是 20 世纪 90 年代末期,最初由美国东部马里兰州的乔治王子郡(Prince George's County)和西北地区的西雅图(Seattle)、波特兰(Portland)共同提出的一个理念,其初始原理是通过分散的、小规模的源头控制机制和设计技术,来达到对暴雨所产生的径流和污染的控制,从而使开发区域尽量接近于开发前的自然水文循环状态[1]。随着理论的应用与深化,低影响开发理论已上升为城市与自然和谐相处的一种城市发展模式,并得到了广泛传播。

随着生态环境恶化及资源短缺问题日益凸显,低影响开发理论先从城市雨洪管理扩展至城市整体开发,主要体现为城市空间管控的低影响开发模式和人居环境的低影响开发模式,如通过推广绿色建筑和发展绿色交通节约能源及资源,实现与环境的和谐共生;然后从城市尺度扩展至区域尺度,采取各种手段减轻城市建设对生态环境的冲击和破坏,通过保护区域生

---

①　温莉,彭灼,吴珮琪.城市低冲击开发理念的应用与实践[C]//中国城市规划学会.2010 城市发展与规划国际大会论文集.重庆:重庆出版社,2010:258-264.

态资源和建设区域生态共保机制，保持和恢复自然生态，实现城市生态可持续发展。

近年部分城市内涝灾害日益频繁，低影响开发理论为城市滨水缓冲区空间规划建设带来的启示如下。

（1）城市不仅要考虑雨、污排水管道如何快捷地满足排水，还应注意采取生态系统设计，通过雨水就近地表渗透，减少管线中的雨水排放总量，进而缓解市政排水管网和河湖水系的排放压力。

（2）河湖岸线工程建设不能只从安全角度出发，而忽视岸线生态系统服务功能，还应结合生态湿地、雨水花园、植物护坡等方式，对水体环境、滨水廊道、开放空间和河湖水系景观生态格局进行整体性保护，建立河湖水系生态自组织平衡关系。

（3）滨水区空间开发应采取对河湖水系环境低影响的发展模式，尽量防止河湖水系空间萎缩、结构破碎化和生态功能退化，通过高效、集约地利用土地，对滨水区的市政设施、道路、绿地进行生态化处理，实现滨水区用地开发与河湖水系自然和谐共生及可持续发展的目标。

三、生态基础设施理论

生态基础设施（ecological infrastructure，简称 EI）一词最早出现于 1984 年"人与生物圈计划"（MAB）的研究报告中，它提出了生态城市规划五项基本原则[①]，其中包括生态基础设施的内容，主要是指自然景观和腹地对城市的持久支持能力。从本质上讲，生态基础设施是城市的可持续发展所依赖的自然系统，是城市及其居民能持续地获得自然服务（natural service）的基础，这些生态服务包括提供新鲜空气、食物、体育、游憩、安全庇护以及审美和教育等。它包括城市绿地系统的概念，更广泛地包含一切能提供上述自然服务的城市绿地系统、林业及农业系统、自然保护地系统，并可以进一步

---

① 生态城市规划的五项原则：a.生态保护战略；b.生态基础设施；c.居民生活标准；d.文化历史的保护；e.将自然引入城市。

扩展到以自然为背景的文化遗产网络[①]。

与生态基础设施相关的诸多概念，有绿色基础设施（green infrastructure）、绿道（greenway）、生态廊道（ecological corridor）、生态网络（ecological network）、生境网络（habitat network）、环境廊道（environmental corridor）等。这些概念是由于不同国家或地区面临的问题不同、规划的侧重点和角度不同而导致的，但随着生态学、可持续发展理念的发展，各概念的内涵也逐渐趋于一致，即都以景观生态学理论和方法为基础，廊道（corridor）、斑块（patch）、基质（matrix）成为上述不同概念在规划中的基本空间模式[②]。

生态基础设施理论对滨水缓冲区规划建设的启示如下。

（1）城市滨水缓冲区规划，应首先考虑如何维持河湖水系自然生态格局与过程的连续性，这是合理进行城市用地功能布局的基本前提。

（2）在进行城市河湖水系及周边地区的水体保护、道路系统、市政设施、绿地系统及用地功能布局等规划时，不能孤立地考虑某一方面，而应系统地从构建城市河湖水系生态空间网络体系出发，妥善处理各要素之间关系。

（3）依托滨水缓冲区建设城市生态基础设施，使之成为城市生态空间骨架的重要组成部分，从建立和谐人地关系入手，将生态、生产、生活服务等内容纳入生态基础设施建设中，创建多尺度、多层次的自然、经济及社会服务系统。

四、其他相关理论

（一）海绵城市理论

"海绵"最早被澳大利亚人口研究学者 Budge 用来比喻城市对人口的吸纳功能，近年来其更多地用于比喻城市或土地的余洪调蓄能力。"海绵城市"是指城市能够像海绵一样，在适应环境变化和应对自然灾害等方面具有

---

① 刘海龙、李迪华、韩西丽.生态基础设施概念及其研究进展综述[J].城市规划，2005（9）：70-75.

② HESS G R，FISCHER R A. Communicating clearly about conservation corridors［J］. Landscape and Urban Planning，2001（3）：195-208.

良好的"弹性",下雨时吸水、蓄水、净水,需要时将蓄存的水"释放"并加以利用[1]。

"海绵城市"的理论基础是最佳管理措施(BMPs)、低影响开发(LID)和绿色基础设施(GI)[2]。近20年来,英、美、日等发达国家针对城市内涝、水生态环境恶化等突出问题,分别形成了效仿自然排水方式的城市雨洪管理体系,相应的措施和技术也得到了长足发展和实践应用[3]。我国海绵城市研究起步相对较晚,初期主要集中在雨水利用,近年来逐渐转向雨洪调控及污染控制。2012年4月,在"2012低碳城市与区域科技论坛"中,首次提出"海绵城市"的概念;2013年12月,在中国城镇化工作会议中,海绵城市的概念得以强化;2015年1月,财政部、住房和城乡建设部等发出"关于组织申报2015年海绵城市建设试点城市的通知",切实推动了我国海绵城市建设的进程。

海绵城市理论主张把提升城市生态系统功能和减少城市洪涝灾害的发生结合起来,其目标主要包含三个方面:一是保护城市原有的生态系统,尽可能地维持河湖水系、自然林草地、沟渠等的自然特征,发挥城市自身的涵养水源能力;二是恢复和修复生态,对遭遇城市化发展破坏的水体、湿地等进行生态修复;三是坚持低影响开发建设原则,合理控制对原有生态区域的开发强度。海绵城市所包含的基本设施有下凹式绿地、透水地面、生态湿地、渗透塘、植被缓冲带、绿色屋顶等。

海绵城市理论对滨水缓冲区规划建设有如下几点启示。

(1)滨水缓冲区的规划建设应遵循生态优先的原则,将河湖水系、湿地、坑塘等生态敏感区纳入非建设用地范围,在保护水系结构完整的基础上,通过河床疏通、设置生态驳岸等方式优化水系布局,发挥现有自然水体的雨水调蓄功能。

(2)滨水缓冲区内的公共绿地、广场、道路等构成要素,不仅应满足景

---

①　住房和城乡建设部.海绵城市建设技术指南——低影响开发雨水系统构建(试行)[S].2014.

②　车生泉,谢长坤,陈丹,等.海绵城市理论与技术发展沿革及构建途径[J].中国园林,2015(6):11.

③　如英国的可持续城市排水系统(SUDS)、美国的就地滞洪蓄水体系、澳大利亚的水敏感性城市设计体系(WSUD)、新西兰的低影响城市设计与开发体系(LIUDD)、日本的雨水贮留渗透计划。

观、休闲及娱乐功能，还应结合低影响开发设计，注重生态效应的发挥，以实现土地资源的多功能利用。

（3）滨水缓冲区内的低影响开发雨水系统建设不能孤立进行，而应从城市的整体空间着眼，处理好与城市雨水径流排放系统的衔接，促进城市的可持续发展。

（二）人居环境科学

20 世纪 50 年代，希腊学者道萨迪亚斯（Constantinos Apostolos Doxiadis）提出了人类聚居学的概念，他指出"需要创立一门以完整的人类聚居为研究对象，进行系统综合研究的科学，通过对这门科学的深入研究，真正地理解城市聚居和乡村聚居的客观规律，以指导人们正确地进行人类聚居的建设活动"[1]。随着可持续发展理念的推进及生态环境保护意识的增强，在世界范围内展开了对人类聚居环境及可持续发展问题的研究。1989年清华大学吴良镛教授在人类聚居学概念的基础上创建了广义建筑学的理论，随后对广义建筑学理论进行了拓展，并根据中国的具体情况，提出了发展"人居环境科学"的主张。

人居环境科学是一门以人类聚居为研究对象，着重探讨人与环境之间的相互关系的科学。它强调把人类聚居作为一个整体，而不像建筑学、城市规划、风景园林、地理学、社会学那样，只涉及人类聚居的某一部分或是某个侧面。它由五大系统内容组成，即自然系统、社会系统、支撑系统、居住系统和人类系统（图 2-1）。它是围绕地区开发、城乡发展及其他诸多问题进行研究的学科群，是连贯一切与人类居住环境的形成与发展有关的，包括自然科学，技术科学与人文科学的新的学科体系，其涉及领域广泛，是多学科的结合[2]。

人居环境科学倡导"建筑（architecture）—地景（landscape）—城市规划（urban planning）"融合，是外来理论（人类聚居学）到中国在地化（本土化）的产物，与前面提到的景观都市主义、低影响开发、生态基础设施等理论在语

---

① DOXIADIS C A. An Introduction to the Science of Human Settlements[M]. Oxford: Oxford University Press, 1968.

② 吴良镛. 人居环境科学导论[M]. 北京: 中国建筑工业出版社, 2001.

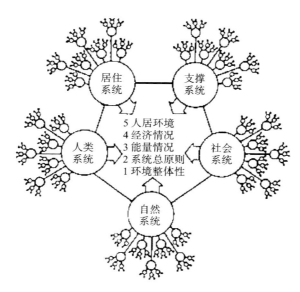

图 2-1　人居环境科学五大系统模型图

(图片来源：吴良镛，人居环境科学导论，2001)

境上虽有差异，但核心观点有异曲同工之处，即强调运用多学科知识，力图创建一个整体性的、充满人性化的、健康宜居的人类聚居空间。

城市河湖水系与滨水区用地规划建设归根结底是为了实现城市人居环境的可持续发展。根据人居环境科学理论，城市滨水缓冲区规划不能狭隘地将河湖水系修复理解成"治理水环境污染"的一种手段，而应综合运用多学科知识，把城市河湖水系生态空间网络体系建设与滨水用地开发有机地结合起来，以满足城市中不同人群诗意的栖居。

（三）系统论

美籍奥地利理论生物学家贝塔朗菲（Ludwig von Bertalanffy）在《一般系统论：基础　发展　应用》一书中全面阐述了系统论的思想。他提出一般系统论是研究系统中整体和部分、结构和功能、系统和环境等之间的相互联系、相互作用问题。其中有三项是普遍的、本质的东西：其一是系统的整体性；其二是系统由相互作用和相互依存的要素所组成的；其三是系统受环境

影响和干扰,与环境相互发生作用[①]。

近代工业革命兴起以来,随着社会经济水平的提高,人类改造和利用自然的能力逐渐增强,人与自然的关系发生了很大改变,开始由敬畏自然转向征服自然,人与自然的对立成为工业文明的价值基础。在现代自然科学和工业革命的助力下,人类最终抛弃了对自然的崇拜和敬畏,踏上了征服和统治自然的征程,从古代朴素的"逐水而居""依山傍水"等人地适应思想,到当前河湖水系修复与其周边城市建设用地开发的关系紧张,城市河湖水系周边地区空间急剧变化。

从系统论角度看,城市滨水缓冲区并非孤立、封闭、单一的客体,而是与城市功能系统相互依存、相互作用、不可分割的系统整体,兼具环境、经济和社会属性,其系统构成应包括三部分,即生态系统(环境)、生产系统(经济)和生活系统(社会)。城市滨水缓冲区规划应该充分尊重系统内部要素与整体、系统内部各要素之间的系统化规律,综合协调城市滨水缓冲区空间系统中的环境效应、经济效应和社会效应。

第二节　国内外相关研究进展

最近几十年,国内外学者从不同角度、不同领域对城市滨水缓冲区相关议题进行了一系列研究。笔者将与本书相关的研究划分为两大类:一类是着眼于城市河湖水系环境治理的相关研究,另一类是关于城市滨水用地规划建设的相关研究。以下分别就相关内容进行综述。

一、关于城市河湖水系环境治理的相关研究

自 18 世纪工业革命开始以来,城市滨水用地因其便利的水资源及运输条件,被大量地转化成为工业生产带,城市河湖水系水环境不断恶化。工业化时代结束后,各国纷纷意识到水污染的严重性,并开始重新对滨水区空间

---

① 贝塔朗菲.一般系统论:基础、发展和应用[M].林康义、魏宏森,等,译.北京:清华大学出版社,1987.

进行功能定位,弥补"先污染、后治理"这一错误行径带来的恶果。国内外研究学者也对城市河湖水系环境治理展开了研究,目前研究的内容主要集中在城市河湖水环境治理、城市河湖水系连通及城市河湖水系保护与利用方面。

（一）城市河湖水环境治理

水是生态之基[①],日益严重的水污染问题唤起了人们对河湖水系生态的关注。1938 年 Seifert 首先提出"亲河川治理"的概念,指出以近自然的工程措施进行河流整治,达到改善河流生态环境的目的[②]。20 世纪中叶,德国将"近自然河道治理"作为一门工程学科提出并深入研究。日本于 20 世纪 90 年代开展了"多自然型河道建设"的水生态治理研究,荷兰提出了"还河流以空间"的生态理念,美国则在这一时期开始对河道展开自然形态修复的研究。而后各国陆续从生态角度研究城市河湖水系,并进行了相应的实践,其中具有代表性的河湖水系生态修复实践有韩国的清溪川治理工程、美国洛杉矶河复兴工程、巴黎塞纳河生态治理工程等。

基于上述城市河湖水系的生态理论研究,河湖水系的生态治理方法得到了学者们的深入探讨。Hohmann 指出,通过生态治理创造出一个具有不同水流断面、水深及流速的生态多样性的河溪[③]。Mike John 从河道的纵向修复措施、河床修复措施、河道栖息地环境改善措施等方面提出了河流的生态修复策略,并指出河流的生态修复应着眼于整体,全面考虑河流的生态环境及其与城市面貌之间的关系[④]。高辉巧、张晓雷等提出了"人水和谐"及坚持以城市生态规划为先导的河湖治理原则,指出通过水生态保护工程、水体循环系统设计、工程防渗设计、河湖防洪工程与景观工程建设相结合的方法全面整治城市河湖水系[⑤]。韩玉玲等人在《河道生态建设》一书中围绕当前

①　《中共中央、国务院关于加快水利改革发展的决定》,2010 年 12 月 31 日。

②　SEIFERT A. Naturnaeherer Wasserbau[J]. Deutsche Wasser-wirtschaft,1983,33(12):361-366.

③　HOHMANN J,KONOLD W. Flussbau massnah men an der Wutach und ihre Bewertung aus oekologischer Sicht[J]. Deutsche Wasserwirtschaft,1992,82(9):434-440.

④　JOHN M. Santonio's river improvements project[J]. Innovation,2003(11).

⑤　高辉巧,张晓雷,熊秋晓. 基于生态重构的城市河湖水系治理研究[J]. 人民黄河,2008(5).

得到广泛关注的河流健康问题,从河流系统角度,归纳总结了河流系统健康的概念、内涵与特征[①]。

河湖水系包含多项要素,如水体、护岸等,由于各要素功能及属性的差异性,在生态治理中所采用的技术也不同。Gerald E. 和 Galloway M. 针对密西西比河流洪水情况进行了反思,提出了与经济、生态、文化可持续性相融合的河流治理技术[②]。周应海等人提出通过建设生态廊道、对护岸进行生态处理,使驳岸成为水体与陆域的良好过渡界面[③]。王海燕指出,通过底泥疏浚、生态调水、人工增氧和植物净化技术等河湖生态恢复技术改善水质,并提高河流和湖泊的生态美学价值[④]。耿晓芳总结了欧美发达国家水环境治理的新思路和新技术,提出从水污染的特点出发,以河流为尺度来构建水环境控制及改善的技术体系[⑤]。

河湖水系环境评价体系也是近年来的重点。Rijsberman 等把水资源承载力作为城市水安全保障的衡量标准[⑥]。夏霆对城市河流水环境综合评价及诊断方法进行了研究,指出城市河流水环境的内涵包括城市河流水环境状态和城市-河流关系两个层面的内容,并提出了水环境综合评价的指标体系及方法[⑦]。刘宏以镇江市为例,对水环境安全评价及风险控制进行研究,探讨了水环境安全保障问题,并首次提出了危险物质固有水环境风险定量方法[⑧]。

有些学者对城市河流水系环境治理现状及经验做了研究,朱国平、王秀茹等结合国内外城市河流的近自然综合治理研究情况,分析了目前城市河

① 韩玉玲,夏继红,陈永明,等.河道生态建设:河流健康诊断技术[M].北京:中国水利水电出版社,2012.

② GERALD E, GALLOWAY M. River basin management in the 21st century: Blending development with economic, ewlogic, and cultural sustainability[J]. Water International, 1997(2).

③ 周应海.试谈南淝河综合治理中的生态设计[J].当代建设,2001(4).

④ 王海燕.水环境治理技术的发展趋势[J].中国科技博览,2010(1).

⑤ 耿晓芳.欧美发达国家水环境治理技术现状与反思[J].北方环境,2011(4).

⑥ RIJSBERMEN M A, VAN DE VEN F. H. M. Different approaches to assessment of design and management of sustainable urban water systems[J]. Environmental Impact Assessment Review, 2000(3).

⑦ 夏霆.城市河流水环境综合评价与诊断方法研究[D].南京:河海大学,2008.

⑧ 刘宏.镇江市水环境安全评价及风险控制研究[D].南京:江苏大学,2010.

流治理所面临的问题,如没有把近自然和综合治理结合起来,在河道治理后的保护和管理方面还很欠缺[①]。陈兴茹对国内外城市河流治理现状进行了分析,指出了我国与国外发达国家在河流生态修复的方法及技术上的差距,并提出今后我国的城市河流治理应更多地考虑城市河流与周围区域的整体关系,与带动经济和满足居民生活需求等多目标相结合[②]。

(二) 城市河湖水系连通

国内外关于河湖水系连通的研究最早可追溯至公元前 2400 年的尼罗河引水灌溉工程,其目的主要是满足古埃及地区的灌溉用水需求,出于同样目的的还有公元前 256 年的都江堰引水工程。工业革命时期,由于经济的发展,水路交通运输需求不断增加,进一步推动了城市河湖水系连通工程的建设。随着社会经济的进一步发展,城市普遍面临着水污染严重及生产生活用水供需不平衡的双重压力,从而促使了河湖水系连通的再次兴起[③]。从总体来看,早期城市河湖水系连通主要是出于航运、灌溉及军事目的,现如今河湖水系连通在很多城市作为一项治水方略被提出,主要用于提高水资源统筹配置能力、改善河湖健康状况和增强抵御水旱灾害能力[④]。

河湖水系连通在提高城市灌溉、供水能力等方面发挥着积极效益,但随着时间的推移,河湖水系连通工程所产生的滞后性负面影响也逐渐显现出来。Rachel May 指出河流的"连通性"在保持河流生态系统完整性方面发挥着重要作用,人类活动不是通过滨河景观与河流相连接的,而是通过接触我们周围"大自然的组织"与河流相连接的,城市河流的修复应处理好人类行为与各种自然水文进程的连通性问题[⑤]。徐宗学、庞博指出应科学认识河湖

① 朱国平,王秀茹,王敏,等.城市河流的近自然综合治理研究进展[J].中国水土保持科学,2006(1).

② 陈兴茹.国内外城市河流治理现状[J].水利水电科技进展,2012(2).

③ 崔国韬,左其亭,窦明.国内外河湖水系连通发展沿革与影响[J].南水北调与水利科技,2011(4).

④ 王中根,李宗礼,刘昌明,等.河湖水系连通的理论探讨[J].自然资源学报,2011(3).

⑤ MAY R. "Connectivity" in urban rivers: Conflict and convergence between ecology and design[J]. Technology in Society,2006(4).

水系连通问题，针对不同类型河湖水系的特点，制定与之相适应的具体措施[①]。夏军、高扬等人从正反两方面分析了河湖水系连通的利弊，指出河湖水系连通对保持河湖环境具有重要意义，但也给生态环境带来了负面影响，如减少河流的有效可利用水量、影响地表及陆地的水循环等[②]。

随着人们对水生态、水文化、水景观需求的增加，国内外许多城市纷纷提出了构建生态水网体系的策略，学者们也开始对城市生态水网构建的理念及方法展开研究，李德旺、雷晓琴从生态学和水力学的角度，提出通过恢复生态通廊、雨水资源化、营造良好生境等技术方法，实现城市水网的生态性连通[③]。杨波、刘琨分析了生态水网建设的必要性及可行性，指出从蓄水、景观、水源涵养、路网绿网配套工程方面做好生态水网连通文章[④]。Molina和Bromley等人对水环境动力模型作了研究，指出水网连通应处理好水质、水温，减少对其他湖流的负面作用及地下水位的影响[⑤]。

（三）城市河湖水系保护与利用

自20世纪80年代开始，保护和利用河湖水系逐渐成为国内外城市可持续发展关注的焦点。第一届世界湖泊大会于1984年在日本举行，提出创造更加和谐的人与湖泊环境，而后对湖泊的富营养化、生态系统发展、可持续利用等问题展开了研究。1997年在摩洛哥举行了第一届世界水资源论坛，掀起了保护全球水资源的蓝色革命，此后该会议每3年在不同国家和城市举办一次，并围绕中心主题展开相应的水资源研究。2004年第一届亚洲大河国际研讨会开启了对亚洲大河流域问题的研究。进入21世纪以来，我国也先后开展了多个会议，在全国范围内展开了对河湖水系保护与利用的研究。从这些会议议题及具体研究来看，水资源和水空间是国内外城市河湖水系

① 徐宗学，庞博. 科学认识河湖水系连通问题[J]. 中国水利，2011(16).

② 夏军，高扬，左其亭，等. 河湖水系连通特征及其利弊[J]. 地理科学进展，2012(1).

③ 李德旺，雷晓琴. 城市水网构建中的生态水力调度原理与方法初探[J]. 人民长江，2006(11).

④ 杨波，刘琨. 建设生态水网　合理调配资源[J]. 河北水利，2009(6).

⑤ MOLINA J L，BROMLEY J GARCíA-ARóSTEGUI J L，et al. Integrated water resources management of overexploited hydrogeological systems using Object-Oriented Bayesian Networks[J]. Environmental Modelling&Software，2010(4).

保护和利用所涉及的两大类。

　　洁净的水资源是城市生产生活正常运行的重要依托,河湖水系不仅是城市的天然水源,也是城市重要的历史文化资源和珍贵的生态资源,在城市规划设计中应处理好河湖水系与城市历史文化及生态环境之间的呼应联系。唐敏提出通过保护现有河流水面、加强疏浚拓宽河道、理顺沟通河网水系及建设生态型河流等对策,加强城市化过程中河网水系的生态保护[①]。叶炜指出历史水系保护是一个动态的过程,应不断挖掘和丰富传统城市历史水系在现代生活中的积极意义[②]。Inke Schauser 和 Ingrid Chorus 指出河湖水环境应采用内外修复相结合的措施,从长远角度出发改善水质,并保护周边生态环境[③]。

　　灵动的水空间是城市空间的活力之源,河湖水系沿线的用地、绿色开放空间及交通布局均是水空间与城市空间连接的有效实体界面,故需要从这些构成要素方面综合审视城市河湖水系的保护与利用。Lawrence Baschak 和 Robert Brown 结合河流绿道空间结构的构成要素,制定了有利于城市河流绿道中现有的和潜在的自然区域的保护和生态优化的生态框架[④]。周易冰从学科综合的角度出发,提出通过营造生态格局、调整交通系统、建立开放空间、重置用地功能等方法促进城市河湖水系的保护与利用[⑤]。

（四）城市河岸带治理与生态重建

　　城市河岸带作为水域与陆域的过渡区域,其所处的特殊位置对区域生态环境产生了一系列重要影响。近年来,一些学者对其生态功能及影响机制作了研究,Robert Naiman 等人从生态学的角度出发,将河岸带的功能归纳为廊道功能、缓冲带功能及护岸功能,并从水文、气象、土壤质地、生物群

　　①　唐敏.上海城市化过程中的河网水系保护及相关环境效应研究[D].上海:华东师范大学,2004.

　　②　叶炜.中国传统城市水系的保护与利用[D].北京:清华大学,2005.

　　③　SCHAUSER I,CHORUS I. Assessment of internal and external lake restoration measures for two Berlin lakes[J]. Lake and Reservoir Managenent,2007(4).

　　④　BASCHAK L A, BROWN R D. An ecological framework for the planning, design and management of urban river greenways[J]. Landscape and Urban Planning,1995(33).

　　⑤　周易冰.沈阳城市水系保护与利用研究[D].沈阳:沈阳建筑大学,2011.

落分布等方面分析了河岸带的生态影响因素[1]。岳隽、王仰麟综合了相关研究内容,总结出河岸带的功能主要有保护功能、连接功能、缓冲功能、资源功能四大方面[2],并指出河岸带植被带在河岸带生态功能中发挥着重要作用。

随着人们对河岸带生态作用的普遍认知,国内外多个国家就保护河岸及其生态环境提出了相关技术,德国、瑞士等国家于 20 世纪 80 年代针对混凝土护岸所引起的生态环境退化问题,提出了"自然型生态护岸"技术,接着,日本提出"多自然型河道治理"技术,并对生态型护坡结构进行了多项实践研究,美国则提出"土壤生物功能护岸技术"[3]。与此同时,学者们也开始对河岸带的生态设计理念及生态重建策略展开了研究。邵波等人以群落生态学和恢复生态学为着眼点,从生物重建、生态重建及结构功能重建三个方面提出了城市河岸林带的重建策略[4]。赵广琦等人以生态修复和稳定坡岸为目标,通过对不同河段采用不同生态护坡技术的综合效益比较分析,指出坡岸绿化在河岸生态修复中发挥了重要作用[5]。王金潮和刘劲在分析河岸带生态护岸优缺点的基础上,提出了河岸带生态护岸设计的原则及方法,并详细介绍了常用的护岸工程措施[6]。叶春等在分析湖泊缓冲带建设的影响因素的基础上,提出了湖泊缓冲带生态环境建设应遵循的原则及运行管理机制[7]。

二、关于城市滨水用地规划建设的相关研究

随着工业时代的结束,国外很多城市的社会和经济面临着新一轮的转

---

[1]　NAIMAN R J, DECAMPS H, POLLOCK M. The role of riparian corridors in maintaining regional biodiversity[J]. Ecological Applications,1993,3(2):209-212.

[2]　岳隽,王仰麟. 国内外河岸带研究的进展与展望[J]. 地理科学进展,2005(5).

[3]　DONAT M. Bioengineering techniques for streambank restoration: A review of central European practices[M]. Washington: Ministry of Environment, Lands and Parks and Ministry of Forests,1995:1-9.

[4]　邵波,方文,王海洋. 国内外河岸带研究现状与城市河岸林带生态重建[J]. 西南农业大学学报(社会科学版),2007(6).

[5]　赵广琦,邵飞,崔心红. 生态河道的坡岸绿化技术探索与应用[J]. 中国园林,2008(11).

[6]　王金潮,刘劲. 国外缓冲带护岸技术研究进展[J]. 水土保持通报,2010(6).

[7]　叶春,李春华,邓婷婷. 湖泊缓冲带功能、建设与管理[J]. 环境科学研究,2013(12).

型趋势,滨水区凭借其优越的环境及区位条件,成为推进城市复兴的战略要地。北美于 20 世纪 50 年代末首先发起了对滨水区的重建与开发活动,至 20 世纪 80 年代以后滨水用地开发与再开发已在全球范围内展开,并引起了相关专业学者的广泛关注,涉及的内容主要有滨水区城市设计、滨水区景观规划设计及滨水用地开发管理。

(一) 城市滨水区城市设计

国外的城市滨水区城市设计从 20 世纪 50 年代开始[1],美国、日本先后创立了滨水地区研究中心。霍伊尔主编的《滨水空间更新》,首次对滨水空间的开发现象作了全面分析,对滨水空间开发的驱动因素与存在的矛盾进行了概括。近些年国内外对于滨水区城市设计越来越重视,很多高校和规划设计单位针对滨水区城市设计做了专题研究,涉及的内容有滨水区城市设计的整体性设计、特色设计及空间设计研究等。

滨水区作为城市空间的重要组成部分,在规划时应将滨水区城市设计视为城市整体开发、更新、管理、规划和保护过程的重要部分。陆晓明强调从整体结构、开放空间、道路交通和景观实体等方面综合研究滨水区城市设计的具体内容[2]。王晓东提出在滨水区城市设计中引入"多维度、多层次"和"多维联系与连锁"的理念[3]。Tompkins 和 Mengel 等人指出滨水区规划应结合城市形态和主要开发基地的区域特色,注重绿色基础设施及公共系统建设[4]。

为避免城市出现视觉雷同及无序的景象,许多专家学者对滨水区城市设计的可持续性及可识别性做了研究。David Gordon 指出滨水区规划应注重城市历史文脉的保护与延续,营造具有地域性特色的城市空间[5]。翁奕城

① 王建国,吕志鹏.世界城市滨水区开发建设的历史进程及其经验[J].城市规划,2001(7).

② 陆晓明.滨水地区城市设计[D].武汉:华中科技大学,2004.

③ 王晓东.滨水区城市设计的多维度研究——以漯河沙澧河沿岸地区规划设计为例[D].武汉:华中科技大学,2006.

④ Tompkins M R,Mengel D. Restoring urban ecosystems:The trinity river corridor project,Dallas,Texas[J]. River Science & Engineering,2009.

⑤ Gordon D L A. Implementing urban waterfront redevelopment in an historic context:A case study of the the Boston Naval Shipyard[J]. Ocean & Coastal Management,1999(10).

提出滨水区城市设计应坚持可持续发展观，并分别从生态、经济、社会文化、技术等角度探讨了滨水区城市可持续设计的具体方法①。环迪对滨水城市色彩规划作了研究，指出应从历史文化、自然环境、色彩美学等多角度综合考虑，建立因地制宜的滨水城市色彩②。毕克妮、孙丹针对城市空间中出现的定向感和归属感切实的问题，指出滨水区城市设计应结合城市固有的自然特色和历史传统，从天际线设计、景观标识物、建筑形态等方面创造滨水区城市设计的可识别性构成元素③。

　　滨水空间的形态丰富，功能多样，具有的特性与其他城市空间不同，一直是城市设计研究的热点问题。其内容包括滨水空间的规划设计策略、空间营造方法及构成要素设计等方面。在规划设计策略方面，高碧兰对滨水区公共开放空间的布局、内部交通及形态作了研究，指出滨水区公开放空间的规划设计应与相邻城市空间产生有效联系，并体现生态性和文化传承性④；苏博洋从整体性、历史性、亲水性、多样性、可持续性和可达性六个方面阐述了城市滨水区住宅外部空间的设计原则，并从空间形态、景观设施系统及道路系统三个方面提出了相应的设计策略⑤。在滨水空间的营造方面，钱芳、金广君提出了影响城市滨水区可达性的空间构成要素，分别对环水型、环城型和沿水型三种滨水空间的通达要素和吸引要素做了分析，探讨了易达目标下的滨水空间营造⑥；周圆针对滨水区公共空间发展存在的问题，从生态空间、景观空间、夜景空间、特色文化空间营造四个方面探讨了滨水区公共空间营造的方法⑦。在滨水空间的构成要素设计方面，刘承忠对城市滨水公园生态化设计的理念及手法进行深入研究，并从水系处理、水岸设计及

　　① 翁奕城.论城市滨水区的可持续性城市设计[J].新建筑,2000(4).

　　② 环迪.国内滨水城市色彩规划的研究[D].天津:天津大学,2007.

　　③ 毕克妮,孙丹.滨水区城市设计可识别性研究[J].山西建筑,2011(2).

　　④ 高碧兰.城市滨水区公共开放空间规划设计浅析[D].北京:北京林业大学,2010.

　　⑤ 苏博洋.城市滨水区住宅外部空间设计研究——以广州珠江滨水区为例[D].广州:华南理工大学,2011.

　　⑥ 钱芳,金广君.基于可达的城市滨水区空间构成的句法分析[J].华中建筑,2011(5).

　　⑦ 周圆.城市滨水区空间营造研究[D].泰安:山东农业大学,2012.

植物配置等角度对城市滨水公园的生态设计进行阐述[①]；黄俊指出了城市滨水绿地的规划设计方法，并从景观布局、生态驳岸设计和植物生态设计等方面阐述了滨水绿地的规划设计策略[②]。

另有学者从多元视角对滨水区城市设计进行主题定位，并开展了相应的导向型设计构思及策略。朱喜钢、朱天可等人分析将文化特色应用于设计实践中，创造具有归属感及人情味的滨水区域的重要意义，并针对郑州河湾滨水区城市设计制定了中原文化导向性的设计策略[③]。郭鉴立足于滨水区城市设计的生态性及复合性设计，并将绿色、复合、立体的理念运用于上海前滩地区城市设计实践中，构建了环境生态和功能复合的框架体系[④]。Maria Jesus Penalver Martinez强调地域文化设计在滨水区城市设计中的重要性，并结合西班牙的地域特色对卡塔赫纳滨水区制定了详细的规划策略[⑤]。

（二）城市滨水区景观规划设计

城市滨水区景观在美化城市、增强城市吸引力方面发挥着重要作用，国内外众多学者对其设计理论及原则做了研究。1988年，日本土木学会出版了《滨水景观设计》一书，该书全面地讲述了城市滨水区景观从规划设计到施工的过程。刘滨谊等在《城市滨水区景观规划设计》一书中分析了目前我国滨水区景观建设面临的问题，并从宏观层面和中观层面提出了城市滨水区景观规划设计指南[⑥]。陈六汀在《滨水景观设计概论》一书中，对滨水景观

①　刘承忠.城市滨水公园的生态化设计——以中山市岐江公园景观设计为例[J].中国教育技术装备,2010(21).

②　黄俊.城市生态滨水绿地规划设计的研究[D].杭州:浙江农林大学,2012.

③　朱喜钢,朱天可,沈强,等.文化导向的滨水地区城市设计——以郑州银河湾滨水区城市设计为例[J].城市建筑,2010(6).

④　郭鉴.生态型、复合性城市滨水城市设计——以上海黄浦江沿岸前滩地区规划为例[J].上海城市规划.2012(5).

⑤　MARTINEZ,SANCHEZ,AGULLO,et al. Port city waterfronts,a forgotten underwater cultural heritage. The materials used to build the port of Cartagena,Spain(18th century)[J]. Journal of Cultural Heritage,2013(3).

⑥　刘滨谊,等.城市滨水区景观规划设计[M].南京:东南大学出版社,2006.

的构成要素、类型及设计要点做了详细论述[①]。

对于城市滨水区景观规划设计策略的研究主要集中在生态化设计、多样性设计、整体性设计、地域性设计、共享性设计及立体化设计方面。Lawrence A. Baschak 和 Robert D. Brown 分析了河流绿道对城市景观生态的重要性，并构建了城市河流绿道的生态规划设计框架[②]。潘宏图从景观生态学的角度出发，从保护和恢复河流生态系统、优化滨水区生态环境、构建生态交通系统等方面提出了滨水区景观生态化的原则和技术方法[③]。林恬着重分析了滨水区景观规划设计的整体性意义，指出现代化的滨水区景观规划设计应引入"多维与整体"的思路[④]。崔柳结合北方地区的气候及人文条件，从景观发展战略、结构布局及节点设计等方面提出了中小城市滨水区景观的地域性设计方法[⑤]。王美达、杨庆峰等人从空间共享、资源共享和行为共享3方面阐述了滨水景观共享性设计的内涵及具体方法[⑥]。房斌、周建华从功能立体化、空间结构立体化、交通立体化、景观视线立体化、植物造景立体化5个方面提出了滨水景观的立体化设计策略[⑦]。

滨水区景观的功能多样，既具有美化城市的功能，也具有生态功能和游憩功能。Gerald H. Krausse 以英国纽波特滨水区的游憩功能为例，指出滨水区景观设计应与城市服务设施相结合[⑧]。李贵臣、逄锦辉等人指出，对城市河道的滨水景观的认识不能仅停留在物质环境角度上，应该从更深、更广

① 陈六汀. 滨水景观设计概论[M]. 武汉：华中科技大学出版社，2012.

② BASCHAK L A，BROWN R D. An ecological framework for the planning，design and management of urban river greenways[J]. Landscape and Urban Planning，1995(33).

③ 潘宏图. 城市滨水区景观设计的生态策略研究——以内江市为例[D]. 成都：西南交通大学，2005.

④ 林恬. 城市滨水区景观整体性设计研究[D]. 武汉：武汉理工大学，2008.

⑤ 崔柳. 北方中小城市滨水区景观设计的地域性研究[D]. 哈尔滨：东北林业大学，2009.

⑥ 王美达，杨庆峰，赵秋雯. 关于城市滨水景观共享性设计的思考[J]. 工业建筑，2009(2).

⑦ 房斌，周建华. 城市滨水景观立体化设计研究——以重庆市奉节西部新城滨江带为例[J]. 南方农业，2011(1).

⑧ KRAUSSE G H. Tourism and waterfront renewal：Assessing residential perception in Newport，Rhode Island，USA[J]. Ocean & Coastal Management，1995(26).

的层面去理解和把握，特别是要从生态可持续发展的角度去分析①。其中的关键是要重视城市滨水景观巨大的生态功能、游憩功能及文化价值，使滨水区城市景观的塑造与生态、游憩功能相协调，同时保留城市历史文化印迹。

随着研究的深入和发展，学者们开始把注意力转向对景观评价体系的研究。乔文黎在对美学、评价学和环境心理学理论进行深入研究的基础上，从景观层面、社会层面、生态层面确立了32项评价因子，建立了一套较完整的城市滨水区景观评价体系②。朱润钰、甄峰利用层次分析法，构建了一个一级目标层、亚目标层、单项指标层的三层结构的城市滨水景观评价指标体系③。

（三）城市滨水用地开发管理

1983年道格拉斯·温（Douglas Wrenn）编写了《都市滨水区规划》一书，首次全面总结了滨水区规划的成果。1988年霍伊尔（Hoyle）、平德尔（Pinde）和胡赛（Husain）三人主编了《滨水区复兴》一书，收录地理学家、经济学家和规划师等发表的15篇关于对全球性的滨水区复兴的思考与主张的文章，全面地剖析了滨水用地开发现象④。张庭伟等人在《城市滨水区设计与开发》一书中，从策划、规划、城市设计到项目财务安排，全面地阐述了滨水区的开发问题⑤。2007年出版的《都市滨水区规划》，书中针对滨水区发展的生态设计问题做了研究，并列举了13个最新的实际案例工程，这些研究成果奠定了滨水用地开发管理实践的理论框架⑥。

在具体的滨水用地开发实践当中，有些城市从经济角度出发，对发展停

---

①　李贵臣，逄锦辉，等.构建生态、景观、游憩三位一体的城市滨水区——以穆棱市滨河文化公园规划为例[J].规划师，2011(1).

②　乔文黎.城市滨水区景观的评价研究[D].天津：天津大学，2008.

③　朱润钰，甄峰.城市滨水景观评价研究初探——以南京市莫愁湖滨水区为例[J].四川环境，2008(1).

④　HOYLE B F，PINDER D A，HUSAIN M S. Revitalizing the waterfront: international dimensions of dockland development[M]. London：Belhaven Press，1988.

⑤　张庭伟，冯晖，彭治权.城市滨水区设计与开发[M].上海：同济大学出版社，2002.

⑥　美国城市土地研究学会.都市滨水区规划[M].马青，马雪梅，李殿生，译.沈阳：辽宁科学技术出版社，2007.

滞和处于衰败状态的滨水区进行改造,开发第三产业,如巴黎塞纳河左岸地区改造及美国芝加哥滨水用地开发;有些城市从社会公共生活角度出发,将滨水用地开发成公共开放空间,如美国西雅图城市绿色基础设施和明尼阿波利斯公园体系;有些城市从生态角度出发,将滨水区改造成城市的生态廊道,如美国洛杉矶河复兴规划及波士顿翡翠项链公园系统;有些城市则从历史文化保护角度出发,对滨水区进行改造和重置,如英国伦敦多克兰滨水用地开发和美国巴尔的摩内港滨水用地开发。针对这些形形色色的城市滨水用地开发模式,专家学者们对滨水区的规划设计及策略展开了研究,主要涉及滨水区公共空间、滨水区土地利用及滨水区生态环境方面。如 Aspa Gospodini 对滨水用地开发中的空间重构做了研究,并从城市设计、经济发展、滨水空间营造方面建立了滨水用地开发的理论框架①。陈理政②、邵福军③等认为滨水区土地开发与再开发应做好功能划分和功能分区,改变滨水土地资源闲置及无序的现状,结合所在城市区位的功能定位及特色,充分挖掘区域的风土人情及历史文化内涵,拓展城市空间,与城市功能形成互补。Bryan C. Pijanowski 和 Kimberly D. Robinson 对湖泊区域的土地利用作了研究,指出应从多个时空角度进行分析,并考虑这些土地利用变化对人与自然系统所产生的影响④。

随着人们对滨水区认识的深入,如今的滨水用地开发由早期侧重于促进经济发展的产业开发转向注重生态环保及公众利益的开发。针对这一转变,不少学者对滨水用地开发的转型机制、功能定位及开发导向作了研究。李蕾、李红剖析了滨水区转型的动因,并从生态学层面提出了城市滨水用地开发的 4 点转型机制,指出现代城市滨水用地开发机制的核心问题是混合功

① GOSPODINI A. Urban waterfront redevelopment in greek cities: A framework for redesigning space[J]. Elsevier Science,2001(18).

② 陈理政.城市滨水区土地开发策略探讨——由旧金山滨水区开发得到的启示[J].四川建筑,2009(S1).

③ 邵福军.城市滨水区再开发中土地开发策略研究——以济南小清河为例[J].中国国土资源经济,2010(7).

④ PIJANOWSKI B C,ROBINSON K D. Rates and patterns of land use change in the Upper Great Lakes States, USA: A framework for spatial temporal analysis[J]. Landscape and Urban Planning,2011(2).

能的开发,并借助传统地域文化的辐射作用,将滨水区重新带回自然与人的身边①。运迎霞、李晓峰对国外城市滨水用地开发功能定位的特点做了比较,提出我国的滨水区功能定位应协调多方面的因素,避免土地资源浪费,并与城市现有功能联结形成城市整体②。Susannah Bunce 和 Gene Desfor 指出城市滨水区的转型受政策、经济和社会状况的影响,滨水区应朝生态化方向发展③。周永广、沈旭炜从时空维度梳理和归纳了城市滨水用地开发模式的五种导向,即交通水道导向、住区品质导向、边缘新城导向、遗产飞地导向与复合开发导向,并对城市滨水用地开发提出了相应的建议及对策④。

近些年随着滨水区旅游与游憩开发规模的不断壮大,许多研究者开始从这一角度关注滨水区的开发管理。顾雯、武丽娟着重研究了城市滨水区旅游功能开发的原则及管理机制,认为应从整体性、多样性和秩序性方面进行综合考虑,坚持可持续发展原则、通畅性原则、文脉延续和特色原则、公众参与性原则及滚动开发原则,建立"三位一体"的城市滨水区游憩空间开发与管理模式⑤⑥。游安妮系统分析了城市滨水区旅游开发与城市形象、城市规划、城市经济及城市人居环境的关系,指出城市滨水区旅游开发应依托城市肌理,挖掘城市潜质,并创新城市特色⑦。

（四）城市河岸带建设与评价

河岸带处于水域与陆地的交汇处,由于其空间的特殊性,近年来受到了不同学科领域研究学者的广泛关注。一些学者对河岸带空间范围的确定作了研究,Swanson 等人将河岸带的范围界定为洪水到达的界限至河岸植物

①　李蕾,李红.城市滨水区开发的转型机制研究——从舟楫往来之利到现代城市的生态疆界[J].华中建筑,2006(3).

②　运迎霞,李晓峰.城市滨水用地开发功能定位研究[J].城市发展研究,2006(6).

③　BUNCE S,DESFOR G. Introduction to " Political ecologies of urban waterfront transformations"[J].Cities,2007(4).

④　周永广,沈旭炜.基于时空维度的城市滨水区的开发导向[J].城市问题,2011(2).

⑤　顾雯.城市滨水区旅游功能开发研究——以上海苏州河为例[D].上海:华东师范大学,2008.

⑥　武丽娟.城市滨水游憩空间开发与管理模式研究——以临沂市滨河景区为例[D].北京:北京第二外国语学院,2008.

⑦　游安妮.城市滨水区旅游开发与城市发展关系研究[D].武汉:华中师范大学,2009.

林区之间①。Paul Bennett 等人认为河岸带的宽度应从河岸岸趾起,算到河岸顶部的一定范围内②。夏继红等人根据河岸带结构特征,结合水文的动态变化过程,提出河岸带最小、最大和最优的不同宽度要求及计算方法③。

在对河岸带宽度范围研究的基础上,相关研究学者对该范围内的土地利用、功能区划等展开了研究。夏继红采用聚类分析方法,通过确定分区指标、计算相似系数等方法,对河岸带范围内的功能地块进行了定量区划。董思远等人利用遥感影像技术,对太湖缓冲带内的土地利用与生态变化情况进行了分析,并总结出导致这些变化的主要因素④。赵霏等从土地利用与景观格局角度出发,分析了北京地区河岸带的土地利用及景观的时空分异特征和变化格局,并指出城市化是这些变化的主要影响机制⑤。

河岸带评价也是近年来的研究重点。夏继红以生态性为着眼点,对生态河岸带的评价理论及方法进行了较为系统的研究,并建立了生态河岸带综合评价的指标体系及理论框架⑥。高阳等人从生态、地貌、水文等方面选定多个评价指标,并结合定性与定量评价相结合的方法,对河溪生态系统的结构和功能做了整体健康评价⑦。王国玉以河岸带自然性为评价点,从河岸带结构、植被群落、景观 3 个方面提取了 13 个指标,并将河岸带的自然性划分为 4 个等级,构建了河岸带自然度的评价体系⑧。

————————

① SWANSON F J,GREGORY S V,SEDELL J R,et al. Land water interactions:the riparian zone[C]//EDMONDS R L. Analysis of coniferous forest ecosystems in the Western United States. Pennsy lvania:Hutchinson Ross Publishing,1982:267-291.

② BENNETT P. Guidelines for assessing and monitoring riverbank health [M]. NSW: Hawkesbury-Nepean Catchment Management Trust,2000:3-4.

③ 夏继红,鞠蕾,林俊强,等.河岸带适宜宽度要求与确定方法[J].河海大学学报(自然科学版),2013(3).

④ 董思远,徐秋瑾,胡小贞,等.太湖缓冲带土地利用现状及变化[J].环境整治,2012(4).

⑤ 赵霏,郭逍宇,赵文吉,等.城市河岸带土地利用和景观格局变化的生态环境效应研究——以北京市典型再生水补水河流河岸带为例[J].湿地科学,2013(1).

⑥ 夏继红.生态河岸带综合评价理论与应用[D].南京:河海大学,2005.

⑦ 高阳,高甲荣,李付杰,等.基于河道-湿地-缓冲带复合指标的京郊河溪生态评价体系[J].生态学报,2008(10).

⑧ 王国玉.河岸带自然度评价与近自然恢复模式研究[M].北京:北京林业大学,2009.

第三节　相关研究述评

　　滨水区是城市空间的有机组成部分,自 20 世纪 80 年代开始引起了研究学者的广泛关注。经过对 1980—2015 年期间相关期刊、学术论文及文献专著的统计(注:其中期刊主要引自《城市规划》《城市规划学刊》《理想空间》等核心期刊,学术论文主要包含建筑"老八校"等知名高校的硕、博士论文,文献专著以中国建筑工业出版社的为主),关于滨水区的研究文献总计 4264 篇,如图 2-2 所示。随着城市化进程的推进,滨水区相关论题研究呈现出逐年增长的态势。

　　进入 21 世纪以来,生态环境问题越来越受到重视,关于滨水区生态建设的研究议题开始迅速增加,滨水区的研究内容开始从对国外典型滨水案例解读、土地利用规划策略、城市设计、景观旅游资源开发等方面拓展至水环境治理、用地功能更新、生态规划策略等方面。其中涉及"滨水缓冲区"的相关研究成果(主要集中在农村地区或库区的"河岸带""湖泊缓冲带")自 2006 年起,年均超过 100 篇,但与"滨水区"的研究数量相比仍存在着显著反差(如图 2-3)。从地域分布来看,滨水区的研究多集中于长江三角洲、珠江三角洲一带,而对中部区域的研究相对较少。武汉市河网纵横,湖泊星罗棋布,属于河湖水系资源较为丰富的区域,但有关武汉市滨水区的研究文献仅有 52 篇,占滨水区研究总数量的 1.2%(如图 2-4),而对城市滨水缓冲区的研究则基本处于探索阶段。因此,展开城市滨水缓冲区研究,不仅可以丰富我国滨水缓冲区理论研究体系,而且对当前的滨水区规划建设也具有重要的实践指导意义。

　　综上,目前国内对于滨水区的研究内容较为丰富,但仍存在一些不足。

　　(1)在建筑学、风景园林、城乡规划等领域,研究理论及实践多集中于对城市滨水区的用地布局、空间组织、景观整治、工业遗产保护等方面,较少关注河湖水系的自然地理特征及其变化等对滨水用地开发的限制及约束作用。滨水缓冲区的研究亟待在现有滨水区相关研究成果基础上,结合自身的空间特性进行专门深化。

51

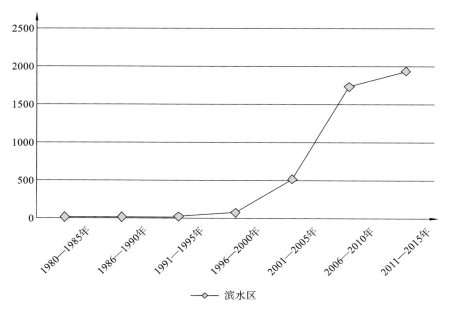

图 2-2　我国滨水区文献研究数量

(资料来源：作者绘制)

（2）在水文学、生态学、环境科学等领域，针对滨水缓冲区的现状描述及问题分析，多集中在自然缓冲区（如农村地区、库区），相关研究成果以水污染治理、护岸技术、河岸带植被修复与重建为主，而关于城市滨水缓冲区对用地开发建设的范围和强度的影响等方面的研究还不够深入与综合，尤其对城市滨水缓冲区的空间控制要素和综合评价体系等的理论研究还很缺乏。

（3）在研究方法上，建筑学、风景园林、城乡规划等领域的研究大多采用定性分析，主要从功能和空间层面对滨水缓冲区规划建设策略作概括性阐述；水文学、生态学、环境科学等领域的研究虽然从定量角度分析，但侧重于水质生态环境、缓冲带的宽度确定等。目前研究尚缺乏将定性与定量相结合，亟待运用交叉学科知识，对滨水缓冲区的生态、功能和空间进行综合效益评价等。

（4）在数据分析上，各学科领域主要侧重于遥感影像数据分析，并关注

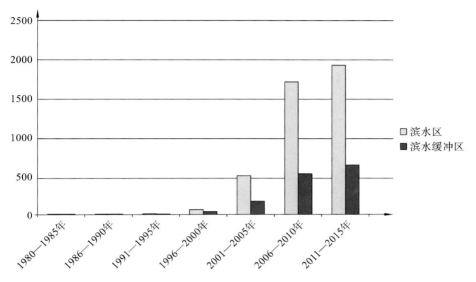

图 2-3 我国滨水区、滨水缓冲区研究文献数量

（资料来源：作者绘制）

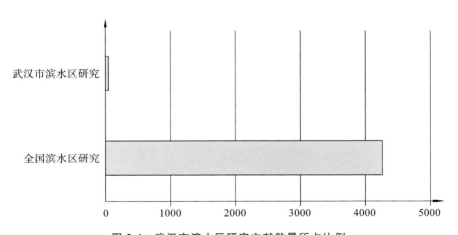

图 2-4 武汉市滨水区研究文献数量所占比例

（资料来源：作者绘制）

大尺度范围内的土地利用及滨水空间格局情况，对城市滨水缓冲区范围内空间发展格局及影响机制则关注较少，同时缺乏现状调查方面的论证，使得

研究结论与实际情况不相符合。

此外,通过对现有城市滨水缓冲区相关研究成果的总结,发现城市滨水缓冲区研究的发展趋势为:①在研究内容方面,需要加强滨水缓冲区内不同要素相互作用机制的深入分析,比如,可以选择典型样本地进行对比研究,寻找滨水缓冲区内各要素相互作用机制的异同点;②在研究方法上,为更全面描述滨水缓冲区空间格局,需进一步选择适宜的测度指标,并整合多学科知识进行分析;③在数据分析方面,除了对遥感影像进行 GIS 空间分析,还需结合田野调查,以提高数据的实效性。

第四节　本章小结

国内外关于滨水缓冲区研究的侧重点存在明显差异。生态学、水文学、环境科学等领域的研究者主要关注自然缓冲区的植被种植、湿地生态系统恢复、水体恢复、生态服务功能以及缓冲区的宽度设置等议题;建筑学、风景园林、城乡规划等领域的研究者主要关注城市滨水地区的历史遗产保护、景观风貌更新、用地与空间更新等议题,但对城市滨水缓冲区空间的界定及其作用机制缺乏应有的关注。对于城市而言,滨水缓冲区不仅是河湖水系生态系统和陆地生态系统之间进行物质、能量和信息交换的生态过渡带,也是组织城市滨水公共活动的重要载体,具有明显的复合功能效应和独特的生态过程。因此,城市滨水缓冲区规划建设,既不能照搬自然缓冲区的一般做法,也不能按照过去那样片面地关注滨水用地开发建设,而忽视对缓冲区生态环境进行有序保护,应当借鉴国内外前沿理论,进行规划创新。近年来,城市再生、低影响开发、生态基础设施等理论,虽然为城市滨水缓冲区研究提供了新角度,但如何将这些理论运用于实践还是一个崭新的课题,亟待我们深入研究。

第三章 国内外城市滨水缓冲区规划建设实践及启示

按照地域景观环境形态，滨水缓冲区可分为滨海型、滨河型、滨湖型。滨水缓冲区不仅是改善城市景观与形象、促进城市生态发展的重要空间载体，还是维持河湖水系结构与功能稳定的关键性屏障。在城市快速发展历程中，国内外滨水城市大都经历了河湖水系环境破坏和滨水用地无序蔓延的过程。这些城市在特定历史背景下，均结合自身环境特点、面临的突出问题以及城市发展导向，通过滨水区再开发实现了城市复兴。本章将对国内外典型滨海、滨河和滨湖缓冲区规划建设实践案例进行梳理，通过总结其建设经验及启示，为下一章开展实证研究提供参考。

第一节 城市滨水缓冲区规划建设实践

一、滨海缓冲区

1. 2012 新西兰奥克兰滨水区发展规划

为了引导整个滨水区的合理开发及有序建设，奥克兰地方政府于 2010 年 11 月成立了奥克兰滨水开发机构，着眼于经济、社会、环境及文化综合效益的滨水开发战略，以实现滨水区、市中心及奥克兰地区的一体化发展。奥克兰地方政府通过广泛的磋商，征集了有关滨水区发展的意见与建议，并形成了许多战略性文件。其中包括：2040 年奥克兰滨水区远景规划、奥克兰市中心滨水区总体规划、奥克兰区域规划。奥克兰滨水开发机构在这些规划的指导下，为市中心滨水区的长远发展制定了规划草案和发展目标。

2011 年 9 月至 10 月，通过媒体、网站、图书馆、听证会等多种渠道对滨

水规划草案进行公示,并接收相关反馈信息。奥克兰滨水开发机构根据这些反馈意见,将现有的规划策略与公众评审意见及建议相整合,形成了2012奥克兰滨水区发展规划。

该项规划由5个功能区组成,从东至西依次为威斯特海温码头区、温亚德区、高架桥港口区、中央码头区和码头公园区,总面积约449万平方米。各功能区通过街巷、林荫道与城市中心区有机地联系在一起。综合考虑滨水区长远的经济、社会、文化及环境效益的发展需要,根据各功能区所在区位及目标定位,共设置了30个项目,其中,威斯特海温码头区7项、温亚德区11项、高架桥港口区6项、中央码头区4项、码头公园区2项(如图3-1)。

1.滨水步道及自行车道　　2.海港公园　　　　3.威斯特海温洋村　　4.游船码头
5.圣玛丽亚湾开放空间　　6.改善水环境　　　7.温斯特海温大道升级　8.温亚德区用地更新
9.海角公园　　　　　　10.公共信号大楼　　11.温亚德区游艇水岸　12.Vos&Brijs船台遗迹
13.接驳站　　　　　　14.新西兰队基地　　15.渔业水区　　　　　16.游艇改装区
17.Daldy线型公园　　　18.创新专区　　　　19.延伸滨水路　　　　20.林荫大道
21.怀特马搭广场绿化　　22.港口岸线　　　　23.哈西街码头延伸区　24.航洋者号海事博物馆入口
25.皇后码头公共空间　　26.客运码头区更新　27.海口岸线　　　　　28.街巷
29.TEAL公园　　　　　30.码头公园更新

图 3-1　奥克兰滨水区发展规划总图

为实现滨水区与市中心的有效连接,奥克兰滨水区发展规划利用缓冲区作为各功能区之间以及与城区的过渡,并实施岸线衔接、设置步行道和自行车道、整治街巷、设置林荫大道等举措,具体内容如下。

(1)岸线衔接。

码头街从滨水区西侧的梅奥拉礁一直延伸至东侧的塔马基路,为加强整个滨水岸线的联系,规划通过一系列的线型设计元素增强了码头街的线型形态。另外,规划在码头街上设置了步行和自行车的专门通道,并限制各类公共运输和服务性车辆的交通出行,同时设置能够增强空间视觉性的建筑及服务设施,如轮渡口、雕塑及路灯等。

(2)设置步行道、自行车道。

规划沿西部的郝恩湾至东部的 TEAL 公园分别建立了一条连续的步行道和自行车道。这两条道路都与市中心及市郊的其他路径相连接,并在道路以外地势平坦和风景优美的区域,设置娱乐活动空间及设施,如照明设施、座椅、观景点、垂钓台、道路指示牌等。步行道和车行道的设置一方面满足了不同人群(如短途通勤者、游客、慢跑者、滑板运动者)的使用需求,也成为吸引人们来此区域活动的旅游景点,能为奥克兰带来源源不断的经济收益;另一方面,通过提供步行和自行车的专门通道,也倡导了环保与健康理念。

(3)整治街巷。

滨水区域周边原有的次要街巷,主要用来布置零售、娱乐及其他服务设施,规划将其改造成步行优先的公共休闲空间,通过创造更多的街巷、车道及过境通道,提高现有街区之间的连通性,并通过开通温亚德、码头街及市中心之间的街巷,来增强市中心与滨水区之间的南北通达性。同时,赋予各巷道以不同特质,以创造出独特的空间效果,提高标识性和趣味性。

(4)设置绿荫大道。

为减少码头街的交通流量,规划将民俗街和海滨路进行了东西向连接,形成了一条带有公共运输、穿城垂直交通及步行交通的林荫大道。这条林荫大道每隔一定距离都会做特殊的处理,如大胆的彩色路面铺装,具有创意的标识牌、雕塑等,在丰富城市环境界面的同时,为人们创造了从市中心通往滨水区的独特步行体验。

2012 奥克兰滨水区发展规划的实施周期为 30 年,分为三个阶段:第一阶段为 2012—2022 年;第二阶段为 2022—2032 年;第三阶段为 2032—2042 年,如图 3-2 所示。

五个功能片区的开发时序安排为:同步推进,化整为零,分阶段进行。其中,威斯特海温码头区和中央码头区包含的规划项目均在前两个阶段完成;码头公园区内的规划项目从第二阶段开始实施,并在第三阶段内全面完

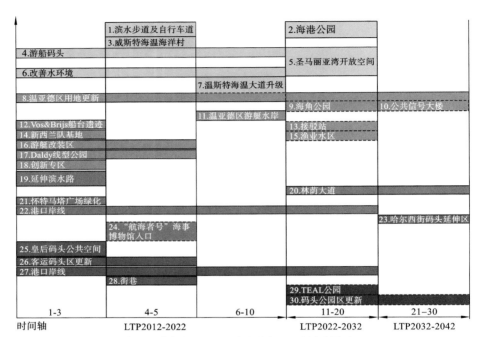

图 3-2　奥克兰滨水区发展规划实施周期表

成；温亚德区和高架桥港口区由于包含的规划项目较多，贯彻于三个阶段之中，涉及温亚德区城市复兴，包含污染治理、开放空间建设、道路开拓、土地开发、场所营造等一系列项目。奥克兰滨水开发机构与地方政府相关管理机构及社会组织共同协作，将规划愿景分解为若干具体项目，采取分阶段、递进式推进办法，使得规划项目能落到实处。

2. 威明顿滨水公共空间更新规划

　　威明顿滨水区位于美国洛杉矶港口北部，与港口相关联的轻、重工业占据了威明顿滨水区的大片土地，阻隔了威明顿社区与滨水空间的联系。为提高威明顿社区的宜居性、增强威明顿社区的经济活力，政府提出了滨水公共空间更新规划。规划范围包括沿阿瓦隆大道走廊及滨水区在内的 58 英亩土地（图 3-3）。

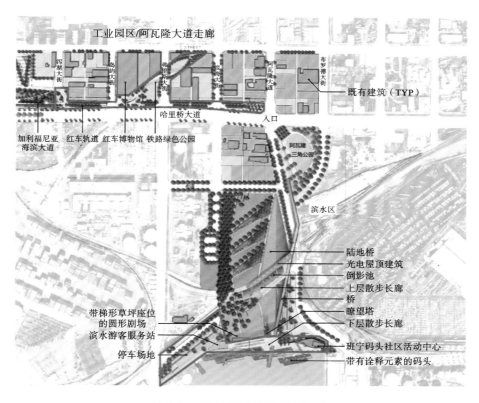

图 3-3　威明顿滨水区发展规划图

规划提出结合河湖水系环境整治进行滨水用地复兴、功能布局和城市空间结构优化的思路,首先根据威明顿滨水区的发展目标,合理划分轻工业发展区、商业区、旅游业发展区、滨水相关产业发展区、绿化用地等功能用地,并为这些功能地块设置了相应的基础设施及滨水要素,如在滨水相关产业发展区设置与海洋相关的专业服务和零售店面,以及带有零售设施的滨水步行道等。

规划根据开发和实施方向的不同,将滨水区分为了两个相互独立的工程项目,即阿瓦隆大道走廊规划和哈里桥缓冲区规划:前者是为威明顿提供滨水通道和商业发展机遇;后者是要在港口和社区之间提供一个具有主被动相结合的娱乐缓冲区及开放空间。在阿瓦隆大道走廊规划中,拆除了现

有的零散、不均质建筑,改为商业、工业和零售业模块,并在现有废弃的铁路线范围内发展铁路绿化,开发出一个被动的开放空间,改善商业区域内的交通运行状况,与滨水区建立了直接联系。在哈里桥缓冲区规划中,拆除了区域内现有的工业设施,建设公园及公共开放空间;在滨水沿岸,一方面为港口码头的运输提供空间,另一方面扩展公共开放空间,通过修建一系列滨水设施,如海洋工艺品展览、公共艺术中心、圆形剧场及瞭望塔,同时注重包括人行道、自行车道、漫步道、桥梁等在内的路网建设,加强了滨水区与威明顿社区的联系,为威明顿社区居民及游客提供了娱乐和休憩场所,并带动了整个威明顿地区的经济和社会活力。

通过上述案例分析可得,城市滨海空间资源的有限和生态环境的脆弱决定了它无法承受无序的滨海开发活动。作为海洋生态系统与陆地生态系统的过渡地带,滨海缓冲区的环境治理是多因子而复杂的,整治工作的范畴主要涉及水环境、岸线、滨水用地、产业结构等内容。合理的滨海资源分配规划不仅有利于改善滨水缓冲区的生态环境,而且将大大提高城市滨海区域对整个城市社会经济发展的贡献。

在我国,对外的海上交通是从唐朝时期逐渐发展起来的,临海的港口城市主要分布于我国东南沿海地区,经济相对较发达。近年来,由于人类开发不当和过度利用,国内滨海城市出现了不同程度的水环境破坏和滨水用地开发无序等问题,国外滨海城市建设经验可为我国滨海城市提供参考。

通过案例分析可得,滨海区城市再生应当放置于城市功能系统中,一方面,注重与城市中心区的空间呼应关系,将城市生产、生活、生态功能进行一体化考虑,并应紧扣可持续发展理念,注重城市公共空间建设,强调用地功能复合,关注滨水区的通达性和城市宜居性;另一方面,滨海区域由于空间跨度大,建设周期也较长,为确保城市滨海区域与城市用地规划建设的有序推进,需要实行岸线功能分段开发,配合不同的开发利用策略,以达到开发与保护的平衡,此外,还应有完善的规划机制来保障其实施。

相比滨海城市而言,我国内陆滨江、滨河和滨湖城市不管从数量上,还是城市建设活动总量上,暂时相对处于优势地位。尽管彼此的水域空间尺度差异较大,但滨水空间构成要素具有相似性,即都由水域、过渡区、滨水用地组成。因此,上述滨海城市建设的有关经验依然可为内陆滨水城市提供参考。

二、滨河缓冲区

1. 韩国清溪川复兴改造

清溪川原是韩国首尔的排水行洪河道,但随着经济、社会的不断变化,清溪川受到了严重污染,成为汇集城市污水的"臭水沟",为改善城市形象,又将清溪川流经城市段用钢筋混凝土板覆盖起来,并加筑了高架桥,但新问题又产生了:高架桥的出现不仅破坏了清溪川两岸的历史街道结构,也给两岸带来了严重的噪声及空气污染。为修复生态,协调与自然的关系,政府发起了对清溪川的复兴改造规划。

清溪川流经韩国首尔市中心区的长度约为 5.5 km,清溪川复原工程是一项综合的系统工程,政府投资 4.5 亿美元对其进行修复,在修复的过程中,特别强调河岸线缓冲带的构建,具体的措施如下。

(1) 河道断面设计:将河道分为三段,并根据各河段的具体条件进行不同的断面设计(图 3-4),第一段位于蓝线条件较好的上游地区,通过设置二层高度不同、约 22 m 宽的堤岸缓坡,有效保护自然河道;第二段位于蓝线用地非常紧张的城市建设密集区,在保证河道行洪宽度的基础上,设置亲水平台,并在河道两侧过水断面上架设规划路及掩埋管渠,强化堤岸空间的利用;第三段位于蓝线用地较缓和的城市建设密集区下游,此段区域中人的亲水活动较少,故沿河道设置消落带保护下游河道生态及安全。

(2) 生态复建:通过保持和恢复本土植物,采用平面绿化与垂直绿化的方式,结合自然化、半人工化、人工化的河岸形式,全面提升河道岸线的自然环境及生态防护功能(图 3-5)。

(3) 基础设施建设:在不影响流水疏通的前提下,建设多种形式的人行和人车混行桥,以促进河道两岸的联系,并丰富城市人文景观;利用堤岸空间,修筑方便游人的步道、休息区及大量富有文化意义的亲水平台等,提升城市活力(图 3-6)。

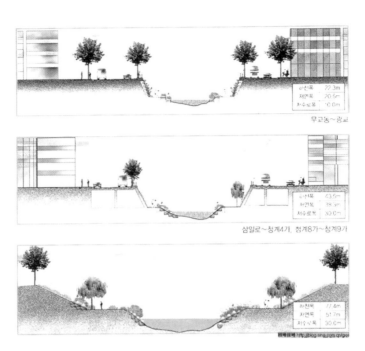

图 3-4　清溪川不同河段断面设计

图 3-5　生态河岸处理

　　清溪川改造完成后,不仅极大地改善了城市的生态环境,还促进了河岸周边商业及居住用地的发展,同时带动了旅游业的发展,为城市带来了新的经济增长点,取得了良好的经济、社会和生态效应。

图 3-6 亲水设施建设

2. 美国圣安东尼奥河改造规划

圣安东尼奥河原为宽度不及 2 m 的河流,1921 年曾发生过一次大的洪水决堤,引发了市政府的关注。政府开始对河道进行防洪建设,并建设了帕赛欧·迪尔·里约滨水步行带,使圣安东尼奥河成为著名的旅游胜地,但随着城市化建设的快速推进,圣安东尼奥河的生态环境遭到了严重的破坏。为了改善城市环境,使圣安东尼奥河恢复原有的生态性,圣安东尼奥市政府对其进行了全面的改造规划。

圣安东尼奥河改造规划的目标是沿河建造一个长 24 km 的带状滨河公园贯穿南北,作为自然河道与城市建设用地之间的过渡缓冲带,以减少城市化发展对生态环境的影响,具体的规划策略如下。

(1)通过治理水污染、整治河道等,改善河流的生态环境,恢复河道的景观和防洪功能。在南段河岸,根据河流周边的地形条件,将其恢复到原有的自然形态(图 3-7);在北段河岸,采用生态工程护岸的方法,控制土壤侵蚀及水土流失。

(2)通过修建历史遗迹公园及具有历史意义的基础设施,保护沿河的历史文化。如在南段河岸,规划修复了殖民地时期的水渠及教堂,以作为文化和教育场所,并运用本土材料进行景观及基础设施建设,如利用本土的植物

图 3-7　南部河段现状及规划效果图

固化河岸，在标识系统及照明设施等公共艺术的设计过程时引入传统的艺术，传承本土文化。

（3）通过对河岸周边土地利用进行重组或整合，增强滨河区域与城市的联系，并促进滨河区域的经济发展。如根据河岸区域原有的用地情况及新的建设需求，重新划分住宅、商业及工业用地，并完善道路交通设施，加强河岸不同功能区域之间的联系，同时在河岸建设开放公园、观景平台、驳岸等休闲空间，为市民营造环境宜人的休憩场所（图 3-8）。

图 3-8　河岸开放公园建设

圣安东尼奥河改造规划改善了滨河区域的生态环境，并从整体角度出发，整合滨河周边资源，加强了滨河沿岸与城市功能空间的互动，促进了城市的可持续发展。

3. 美国洛杉矶河复兴总体规划

洛杉矶河自源头至流入太平洋,全长约 51 英里(约 8.2 km),其中规划范围内的河道长 32 英里(约 5.1 km),位于洛杉矶市中心地带。洛杉矶河复兴总体规划在对土地利用、水质、生态、水文、人口统计、自然系统和城市河流复兴先例等综合分析的基础上,确定将河道改造成绿色的、充满活力的系统,以此作为洛杉矶城市的生态缓冲区,规划策略主要包含以下几点。

(1) 在水环境改善方面,通过拓宽河道,增强洛杉矶河的蓄水能力;设立河岸绿化、景观台地、生态公园和景观步道等,使河道成为安全生态的亲水场所(图 3-9);修复生态栖息地,增加河岸的生物多样性;在滨水区域建立生态社区,进一步改善居民的居住环境。

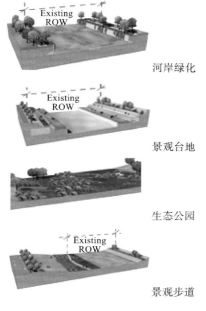

河岸绿化

景观台地

生态公园

景观步道

图 3-9　洛杉矶河生态缓冲带构成

图 3-10　洛杉矶河绿道

(2) 在绿色基础设施建设方面,在滨水区域建立公园、广场等开放空间;在公园绿地不足的地区,征收未充分利用的土地或污染废弃地,建设社区公

共绿地,并在所有公共绿地推行暴雨管理措施;通过具有鲜明特征的桥和门以及开展活动等强化洛杉矶河的整体统一性;沿河布置公共艺术作品。

(3)在道路交通网络建设方面,在滨水沿河设立自行车道及休闲步行道,增强河道的可达性;沿洛杉矶河建成连续的绿色走廊,使其作为整个城市的绿色骨架;通过"绿色街道"系统在居住区与洛杉矶河之间重新建立便捷的联系(图3-10)。

洛杉矶河复兴总体规划以大胆的创想将渠化的防洪水道改造成兼具休闲和生态功能的公共绿地,既提高了城市的生态环境,也为城市的经济发展注入了新的活力。

通过上述案例分析可得,随着人类对河流及其周边土地资源开发强度和范围的不断扩大,大量滨河缓冲区的生态环境发生了不同程度的退化,因此需要综合研究滨河缓冲区的结构、功能和发展演变特征,从而为恢复、重建、保护、利用这一区域提供理论支撑。

滨河空间的纵向跨度一般较大,因此在缓冲区构建方面,首先需要根据河流所经城市空间的功能属性、发展需求、人员密度等情况进行分段处理,以充分发挥缓冲区的综合效益,如在河道条件较好、人员密度相对较低的河段,缓冲区应以自然生态建设为主;在用地紧张、人员密集的河段,则以功能性建设为主。其次在规划中应将水环境治理、绿色基础设施建设和道路交通网络有机整合,促进滨河空间与城市建设用地空间的有机联系。滨河缓冲区通常是城市空间中的带状生态廊道,在规划建设中不应孤立进行,而应将其与城市空间中的其他生态系统统筹考虑,使城市空间的生态可持续性得以延续。

三、滨湖缓冲区

1. 苏州金鸡湖规划建设

金鸡湖位于苏州工业园区中部,西距苏州古城约 4 km,水域面积

7.38 km²,是构成苏州工业园区景观的重要组成部分,也是苏州市总体规划中最大的市内景观区(图 3-11)。

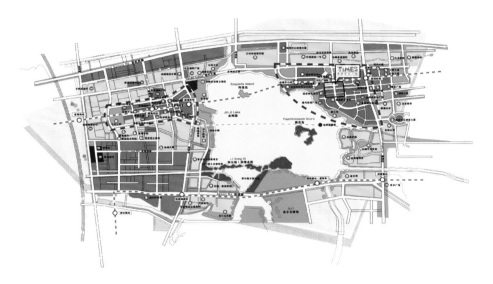

图 3-11　苏州金鸡湖及周边地区用地规划图

(图片来源:苏州市规划局)

规划由美国易道景观设计有限公司与苏州工业园区设计院联合打造,在参考和借鉴国内外成功的滨水规划的基础上,积极构建环湖生态缓冲区,并将金鸡湖的生态环境与滨水用地有机结合起来。此外,统筹考虑城市空间形态,利用生态廊道建设,促进城市整体空间结构的协调互动发展,其具体的规划设计策略如下。

(1)提升环湖生态环境品质。结合最新科技成果,从生态的角度改善金鸡湖水质,重塑人工岛屿自然景观;采用自然化与人工化相结合的生态驳岸处理方式,增强金鸡湖生态及安全防护功能;以水为纽带,将湖区的视觉通透性和公众可观性作为设计宗旨,创造各种不同层次和功能的开放空间;完善交通系统,将水域空间、亲水空间和节点空间有机串联起来。

(2)增强湖区与周边其他城市用地的渗透互融性。规划由最初单一的环湖岸线绿化景观工程,提升到把金鸡湖与滨水用地(70 km²)统一进行规划,围绕金鸡湖共规划了8个特色区,以都市中心及集会广场为特征的城市广场(26.3 hm²),以亲水公园、林阴散步道结合住宅群构成的湖滨大道(53 hm²),坐落在一连串互相连接的运河水道之间、延续传统苏州水城风貌的水巷邻里(39 hm²),以游客服务中心、展示花园以及湖畔小岛及沼泽区建成的自然生态保护区、野生动物保护区和观鸟区构成的望湖角(56 hm²),一连串密织的运河及绿带串联其间的高级住宅小区金姬墩(60 hm²),由商业和文化中心、水族馆、美术馆、户外剧场及演奏厅、运动公园等构成的文化水廊(91 hm²),还将在湖的北边堆建一座 12.6 hm² 的波心岛,岛上建度假酒店和度假小屋,并有湖滨游泳区、钓鱼区、水上休闲活动中心、载客水艇停靠站等旅游设施(91 hm²)(图 3-12 至图 3-15)。

(3)延续城市空间的生态可持续性。除金鸡湖外,苏州城内还有阳澄湖、独墅湖及其他水域,为构建连续完整的生态廊道,在湖泊联系区域间采用低密度开发及自然林道、生态公园(如已规划建成的玲珑湾公园、望湖角)等方式相连接,从而使得城市整体的生态空间得以延续。

图 3-12 金鸡湖畔的"东方之门"

(图片来源:作者摄)

图 3-13 金鸡湖畔的居住小区

(图片来源:作者摄)

项目在充分尊重苏州传统历史文脉的基础上,将旧城和新城商业及休闲生活与环境保护结合起来,并通过概念性规划、总体规划、细部设计、景观

图 3-14　金鸡湖运河沿线商业水街　　　**图 3-15　金鸡湖畔的开放式公园**

（图片来源：作者摄）　　　　　　　　　（图片来源：作者摄）

设计等阶段逐步落实，在经济、社会和环境效益上取得了巨大成功，现已被评为国家 5A 级旅游景区。该项目的成功不仅在于景观本身，还在于通过成功的景观带来了全新的城市空间概念。金鸡湖创造了一个适合人们进入的城市新空间，通过景观设计将周边很多已经退出红线的建筑又"拉回"水边，目的就是让城市与水、人与水相互连接、相互对话，而不是相互隔绝。在这个空间里，人们在不同时间、不同季节从事不同的休闲活动，可以领略不同的环境面貌。

2. 美国明尼苏达州明尼阿波利斯公园体系

明尼阿波利斯市位于美国明尼苏达州，在拥有 10000 英亩（约 40 公顷）水域的范围内，被小溪、河流和 20 多个湖泊环绕着。明尼阿波利斯公园及开放空间以根植于自然地形和地区水文而著称。公园创始人的先见确保了空间的连通，为不同的使用者提供了机遇，同时提供了美学和生态功能。明尼阿波利斯公园体系已被使用者及相关的专业人士奉为设计创新、社会参与及行政效能的典范。

明尼阿波利斯公园体系的开发模式为结合河湖水系整治，进行路网系统组织，水路与陆路交通一体化发展。

规划方案将明尼阿波利斯市分为 7 个不同的主题区域（胜利纪念碑风景

区、东北风景区、市区滨水风景区、密西西比河风景区、明尼哈哈风景区、湖链区、西奥多沃斯风景区),各个区域内布置了基础设施,并用道路网络串联起来(如图 3-16)。7 个主题区域中共有 5 个区域与水相关联,其中西南部的湖链区最具特色。湖链区特别强调人的主导性,并在缓冲带中设计了不同用途的道路空间形式,以提高公众的参与性。其典型的布局为水体—堤岸植被—2.4 m 宽步行或慢跑路(带休息座椅,种植隔离带)—2.4 m 宽自行车或旱冰路—隔离带—4.8 m 宽风景公路(即小汽车路,带停车港湾时为7.2 m),如图 3-17 所示。

为确保整个体系各区域的可达性,在规划中将风景公路与周边社区道路融为一体,并在风景公路沿线布置公园、花园、运动场地、休闲设施等,为人们提供多样的场地及便利设施(图 3-18)。同时,为满足步行、自行车及小汽车等多种游览方式,在公园体系中设置了不同时速的道路系统,使人们在环游其中时获得不同的景观体验。7 个主题区的道路上还设置了具有不同个性的游客系统,游客可通过这些信息系统了解所在地的自然历史、社会以及人文的相关情况。

明尼阿波利斯公园体系通过层次丰富的道路系统将城市中的游憩系统串联起来,在为民众提供方便的同时,增强了城市空间的连续性,也为城市各功能区未来的发展奠定了良好的基础。

3. 苏州市尹山湖控制性详细规划

苏州市尹山湖周边地区控制性详细规划位于苏州市东南部,总用地面积 8.84 km² (含区内水域面积),规划城市建设用地 688.34 hm²,可容纳居住人口约 12 万(表 3-1,图 3-19)。

规划将水系与滨水用地相结合,功能定位为以居住和休闲功能为主的滨水新区,形成以尹山湖为中心,依托滨水绿带、环湖路网系统的滨水开敞空间骨架。规划要点如下。

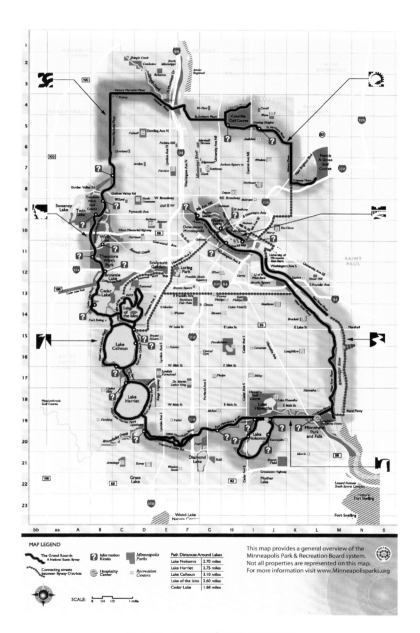

图 3-16 明尼阿波利斯公园体系

图 3-17　公园体系中的滨水　　　　图 3-18　公园体系中的
　　　　缓冲区空间组织　　　　　　　　　　开放空间

表 3-1　尹山湖周边地区控制性详细规划用地平衡表

用地分类	占地面积/hm²	比例/(%)
居住用地	330.95	48.08
公共设施用地	46.26	6.72
道路广场用地	142.56	20.71
绿地	165.09	23.98
其他用地	3.48	0.51
合计	688.34	100

（资料来源：苏州市规划局，作者整理）

　　（1）沿湖布置商务办公、特色商业、休闲娱乐等功能用地，在尹山湖西南角体育公园内，新建综合型体育馆，在郭新东路与望湖路交叉口西北角新建郭巷医院，为区域内居民提供了较完善的公共配套设施；

　　（2）通过环尹山湖周边进行绿地控制（进深 20～160 m 不等），划分不同

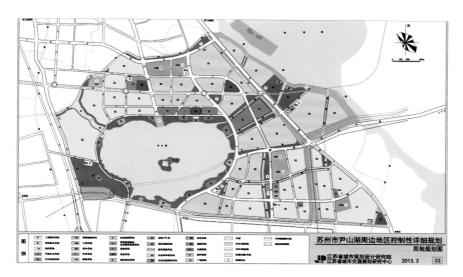

图 3-19 苏州市尹山湖周边地区控制性详细规划用地规划图

（图片来源：苏州市规划局）

主题功能区，对河道两侧进行绿带控制（10～50 m），局部放大作为社区公园，以居民出行 5 分钟（距离约 500 m）到达一片集中绿地（不小于 0.3 hm²）为原则，形成了以水为纽带的城市公共空间系统。

　　通过上述案例分析可得，合理的城市滨水空间结构是滨湖空间形态形成的关键，滨湖缓冲区的构建一方面应注重对区域整体空间发展结构的延续，应在现有的水系、绿廊等生态景观格局基础上，结合已建成的工业区、住区和交通廊道等城市空间结构，进行生态环境修复及功能完善；另一方面还需要结合自身特点，构建具有自身特色的空间结构。

　　滨湖区域作为城市空间的重要节点，生态缓冲区的构建应统筹考虑与其他生态廊道如滨江、滨河、绿道系统等之间的相互联系，立足城市特点建设生态环境走廊。同时，在滨湖缓冲区的规划设计中，应突出滨水区的公共性，营造具有公众参与性的开放空间，并根据实际需要适当配建文化娱乐、餐饮、自行车道、亲水驳岸等配套服务设施，完善城市功能，为居民提供便利，并加强与周边其他功能区的联系。此外，要设置多样的开放空间，为区域内的人员提供休憩及交往空间，增强滨湖区域的活力。

第二节　城市滨水缓冲区规划建设经验及启示

一、城市滨水缓冲区的演变规律

通过梳理国内外滨水缓冲区的规划建设实践,不难看出滨水区作为城市空间结构的重要组成部分,其演变与城市发展思路和城市结构的变化紧密相关。滨水缓冲区作为水域与陆域的过渡带,从城市形成起,伴随着滨水区空间的扩张而不断变化,大都遵循从相邻—相连—相争—耦合的演变规律。

无论是滨海城市,还是滨河、滨湖城市,在城市形成之初,一般位于近水不临水位置。欧美国家的滨海城市,如巴塞罗那,得益于良好的地理位置和天然港口,在沿海地带的居民点(水域与滨水用地之间处于"相邻"状态)基础上,逐步发展成一个紧贴海岸的防御性城市(水域与滨水用地之间处于"相连"状态)。19 世纪初,巴塞罗那开始进入工业化时代,并成为西班牙首要的工业城市。经济发展给城市滨水区带来强烈冲击,由于缺乏滨水缓冲区规划建设,随着港口码头和工业设施的大规模建设,滨水区水环境遭到严重污染,滨水岸线被码头、工业设施、公路和铁路占据,形成了城市和大海之间的断裂带。20 世纪 70 年代随着工业危机加剧,城市失业人口增加,城市中心区物质环境进一步恶化,城市空间进入衰败期(水域与滨水用地之间处于"相争"状态)。为解决城市衰败问题,巴塞罗那专门制定了城市再开发计划,并将滨水区开发作为城市复兴的重要举措之一。通过修复海岸线、改善滨水缓冲区环境、发展滨水居住区和改造工业厂房等手段,巴塞罗那滨水区逐渐复兴,在解决城市问题的同时,城市空间不断优化(水域与滨水用地之间处于"耦合"状态)。由于滨水区整体改造的成功,滨水缓冲区环境品质得以大幅度提升,使整个城市完全向大海开发,完整连续的、功能复合的滨水公共空间成为巴塞罗那城市空间的重要特色之一[①]。

---

①　沙永杰,董依.巴塞罗那城市滨水区的演变[J].上海城市规划,2009(1):56-59.

二、城市滨水缓冲区的影响因素

从国内外城市滨水缓冲区规划建设实践看,城市滨水缓冲区主要受社会经济、地方政策、市民需求等因素的影响。

欧美国家城市滨水区再开发一方面是为应对城市中心区衰败、环境污染严重等问题,另一方面也是社会经济、地方政策、市民需求等因素综合作用的必然结果。为改变滨水区衰败景象,满足人们对亲水空间的需要,原来以港口、工厂、渔业等功能为主的滨水区,通过滨水公共空间建设,逐渐转变为以休闲功能为主,滨水区的活力得以显现出来。如位于纽约东河西岸的甘特利州立公园,作为城市滨水区复兴计划的一部分,通过保留滨水历史建筑符号、种植乡土植物、注重用地功能混合等方式,为不同经济、文化背景的人群提供了滨水公共空间,使得周围衰败的滨水用地得以重新开发。滨水区再开发不仅使滨水用地功能得以更新,通过滨水公园、广场等公共空间建设,也使得滨水缓冲区空间得以不断优化。

三、城市滨水缓冲区的建设模式

总体来看,西方城市化的过程是沿着城市环境质量恶化—郊区化—旧城衰败—旧城复兴的发展轨迹[①]。国外城市滨水区的开发主要是由于港口外迁而废弃,而位于原城区内的港口的衰败,往往与旧城衰败相关联。

国外城市滨水区开发,从空间结构调整的角度看,主要有两种模式:一种是内部空间重组模式,主要通过内部空间的重组与优化,重拾区域的工业和商业功能,如加拿大的格兰维尔岛;一种是向外扩张模式,主要通过"退二进三"方式,对城市滨水区进行彻底改造,如美国的巴尔的摩。这两种模式的共同特征在于,都比较注重对滨水公园、步行道等公共空间建设和用地功能的混合使用。

从滨水区开发的运作模式来看,为应对滨水区衰败问题,国外基本都是由政府直接干预,通过政府成立城市开发公司,建设基础设施,开辟滨水公

① 焦胜,曾光明,何理,等.城市滨水区复合开发模式研究[J].经济地理,2003,23(3):397-400.

园,然后将滨水地块出让给开发商,再由私人资本进行建设,从而带动城市滨水区再生。当前国内尚处于快速城市化阶段,很多滨水区的旧城区还没有达到严重衰败的程度,而开发大多处于滨水景观建设层面,主要通过建设滨水绿地、广场,改善滨水区交通条件等途径,来提升滨水区景观形象。只有少数城市从城市空间结构调整角度对滨水区进行开发,如上海浦东陆家嘴。

由此可见,滨水区的开发方式直接影响滨水缓冲区的建设模式。从空间结构调整角度出发,滨水缓冲区规划建设可以通过调整滨水用地功能的模式,以获得更多的缓冲区空间;而表皮化的滨水景观建设,虽然可以提升滨水区景观形象,但无法满足滨水缓冲区对用地空间的需求。因此,为了充分发挥滨水缓冲区的生态服务功能,城市滨水缓冲区规划建设应从城市空间结构整体层面入手,加强对缓冲区范围的识别,尽量增加缓冲区范围。

第三节　本 章 小 结

滨水缓冲区作为水域与陆域的过渡带,从城市形成起,伴随着滨水区空间的扩张而不断变化,大都遵循从"相邻—相连—相争—耦合"的演变规律。通过对国内外城市滨水缓冲区规划建设实践梳理发现,滨水区的衰败常常与旧城衰败相关联。国外城市滨水区开发是城市旧城复兴的重要途径之一。通过滨水用地功能调整,滨水缓冲区获得了大量的缓冲空间,对于改善水环境、打造滨水公共开放空间有着重要作用。然而,受城市化发展阶段制约,目前国内一些城市滨水区还没有到达衰败程度,城市滨水区开发大多处于景观建设层面,使滨水缓冲区的生态服务功能未能充分体现。因此应当借鉴国外城市滨水区更新的经验,将滨水区的开发与滨水城市的城市空间结构调整相结合,通过用地功能调整,给城市更多的滨水缓冲空间,从而引导滨水用地有序、适度开发。

第四章　武汉城市滨水缓冲区
空间发展历程及特征

2007 年 9 月，由武汉市规划研究院主编的《城市水系规划规范》通过专家评审。2009 年 12 月，该规范在全国正式实施，填补了国内水系规划一直没有技术指标指导的空白。但是，武汉市探索水环境治理方法的过程并非一帆风顺，而是几经周折，甚至还曾有诸多教训①。因此，基于上文对国内外城市滨水缓冲区相关研究进展的分析与规划建设实践总结，本章以武汉市为例，通过对城市滨水缓冲区空间发展历程的梳理，明确河湖水系与滨水用地的关系，揭示城市滨水缓冲区空间的发展态势，为进一步明确滨水缓冲区的划定方法奠定基础。

第一节　城市滨水缓冲区空间发展历程
（1983 年以前）

城市是生产力发展到一定阶段，人类认识自然，利用自然和改造自然的结果，也是特定时期政治、军事、经济和社会生活（如中国的风水观念）等多方面需求的历史产物②。城市的形成（选址）、发展与其所处的自然环境密切相关，河湖水系往往又是决定城市形成（选址）和空间拓展方向的重要因

---

① 武汉市曾针对河湖水系出台了一系列地方政策和行政措施，包括《武汉市湖泊保护条例》《武汉市水资源保护条例》《武汉市市区河道堤防管理条例》《武汉市基本生态控制线管理条例》《武汉市城市明渠保护办法》等，尤其是自 2002 年《武汉市湖泊保护条例》实施以来，武汉城市湖泊环境污染问题仍较严峻，各类违法填湖行为时有发生。因无法有效地指导当前社会经济建设，武汉市迫于公众压力，不得已对该保护条例进行了 3 次修订，并引起了社会公众的极大关注。

② 董鉴泓. 中国城市建设史[M]. 3 版. 北京：中国建筑工业出版社，2004：4.

素①②。通过前文对国内外滨水缓冲区规划建设经验的分析可知,城市滨水缓冲区空间发展大都遵循"相邻—相连—相争—耦合"的演变规律。武汉城市滨水缓冲区空间自商朝中期的盘龙城军事要塞算起,到1983年,大致经历了相邻、相连两个阶段。

一、相邻阶段:1949年以前

武汉的起源可追溯至3500年前,商朝在府河北岸建立军事要塞,因该军事要塞遗址在盘龙湖畔(属汉江支流府河水系)被发掘出来,故称之为盘龙古城(图4-1)。当时盘龙古城的平面形态近似方形,面积约7.5 hm²。土筑城垣围绕城市,城垣外有壕沟。城内东北向有宫殿基址,城外发现了贵族墓地。

图4-1 盘龙古城位置示意图

(图片来源:武汉历史地图,1998.作者改绘)

经历了漫长的历史行程,至三国时期,孙权建都武昌(鄂州)后不久,在

---

① 田银生.自然环境——中国古代城市选址的首重因素[J].城市规划汇刊,1999(4).
② 吴庆洲.中国古城选址与建设的历史经验与借鉴[J].城市规划,2004(24).

武昌片的蛇山上建夏口城（223 年），成为武昌的重要屏障。此前，汉阳的却月城（位于龟山上）已在东汉末年建立，武汉"双城"格局初步形成。却月城、夏口城的建立，使原先偏于外围发展的武汉，在江汉交汇、龟蛇对峙之处奠定了城市的基址。

明代成化初年（1465—1470 年），武汉连年发大水，引发汉水改道。汉水原先有几个河床，分岔注入长江，由于水流冲击，在龟山以北，原先较小的入江河床形成汉水唯一的入江通道，其他入江河道均淤塞。这就把原先汉阳、汉口连为一体的地貌一分为二。南岸咀一边为汉阳，集家咀一边为汉口。汉口与汉阳在地缘上分离，使得武汉自三国以来的武昌、汉阳"双城"格局被武昌、汉阳、汉口"三镇鼎立"格局取代[①]。

在武汉"三镇鼎立"格局初步形成以后，武昌、汉阳、汉口并未出现并驾齐驱、同步发展之势，而是在很长一段历史时期内，汉口独占鳌头，率先发展。自明代后期以来，汉口成为著名的码头，运输漕粮和淮盐促进了汉口的繁荣。汉口起初主要依靠汉水连通西北各省，进而依托长江，与其上下游各省沟通。由于汉口水运方便，陆路畅达，明末清初，汉口镇崛起为华中地区的商业和交通运输中心，成为"楚中第一繁盛处"，与朱仙镇、景德镇、佛山镇并称为全国四大名镇，并居其首，更与北京、苏州、佛山同列为"天下四聚"。汉口商业和运输业的发展，使城市出现了外地移民日增、会馆林立的兴旺景象（图 4-2）。全国各地旅汉商人和工匠纷纷成立同乡会以及行业组织，并建造各种风格的会馆作为联络商谊、维护行帮利益的场所。而与其一江之隔的汉阳、武昌，城市空间发展较为缓慢，基本上以城垣内部发展为主，且在一个相当长的时间内保持着一定的稳定性（图 4-3）。

1840 年的鸦片战争标志着中国近代史的开端，中国开始沦为半殖民地半封建社会。第二次鸦片战争期间，清政府被迫签订《天津条约》，辟汉口、九江、南京、镇江等地为对外通商口岸。先后有 19 个国家在汉设立领事馆并通商。1861 年 3 月汉口正式开埠，英国率先在汉口花楼街东至甘露寺划定英租界（458 亩）。接着，俄、法、德、日等国也分别设立租界（图 4-4）。外国租

---

① 却月城、夏口两城均发生过演变。夏口城后发展为郢州城（南北朝时期）、鄂州城（隋唐时期）、武昌城。却月城之后又有鲁山城、汉口城、汉阳城。

图 4-2　明末清初武汉三镇江汉揽胜图

(图片来源:武汉历史地图集,1998)

界区的设立,对汉口片区市政基础设施建设、产业布局和街区道路划分产生了较深远的影响。洋务运动期间,官办工业基地的兴起,也客观地促进了武昌、汉阳片区近代民族工业的发展。汉口外国租界区的理性空间格局与武汉长期自然生长而来的城市空间格局形成了鲜明的对照。

汉口外国租界区自设立后,其城市空间以长江及汉水的水路交通线和卢汉铁路(后称京汉铁路的)陆路交通线为依托,不断向外扩张。各国的租界虽在空间上保持相对独立,但其道路系统具有惊人的相似之处,即主要道路系统都是由垂直于长江和平行于沿江大道的若干条道路组成,呈现格网型特征(图 4-5)。究其原因,主要是当时卢汉铁路建成后,各国为实现水运与铁路运输的无缝对接,以江岸火车站、大智门火车站、玉带门火车站、循礼门火车站为据点,分别在长江边兴建了与之相对应的码头,通过沿江路将各码头连成一体,再通过垂直于长江的若干条道路与各国的租界联系,以便各国从事商品贸易活动。

如果说汉口开埠是被迫向外国人打开城门,那以湖广总督张之洞为代

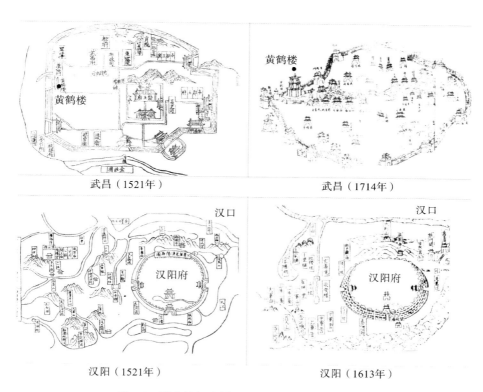

图 4-3　明末清初武昌、汉阳城市空间格局示意图

(图片来源:武汉历史地图集,1998.作者改绘)

表的洋务派官员,主张利用西方先进的生产技术来强兵富国、摆脱困境,以维护清朝统治,在客观上推动了武昌、汉阳的近代化进程①。

　　鉴于修建粤汉铁路,武昌作为起点站,交通上务必应便利。武昌北部沿江地区成为外商投机者看好的区域,并促进了武昌向北的都市扩展计划。张之洞认为武昌粤汉码头附近辟为租界,有损国防和本地权益,但又认为对外通商势在必行。光绪二十六年(1900 年)10 月 18 日,他在《请自开武昌口

---

　　①　1889 年张之洞出任湖广总督,志在"崭新湖北",以兴鄂振汉为己任,建工厂(开办近 20 家官办工厂)、修铁路(卢汉铁路,于 1897 年修建,至 1906 年建成通车,全长 1214.49 km)、办学堂(有上百所学校,其中以两湖书院、自强学堂等最为著名,自强学堂为武汉大学前身)、练新军为其 4 大主要政绩。(笔者根据《武汉通史》内容整理。)

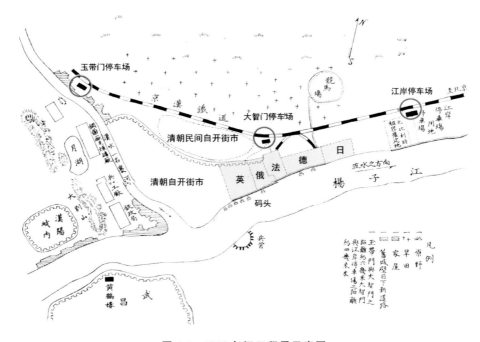

图 4-4 1908 年汉口租界示意图

(图片来源:武汉历史地图集,1998. 作者改绘)

岸折》中请奏将武昌城北面 10 里外的沿江区域作为自开口岸,并将其建成与汉口相媲美的武昌大商场。但最终受经费等原因所累,粤汉铁路工程迟迟未能动工,使得指望以粤汉码头为契机的武昌自开商埠成为泡影。

到了民国时期,随着粤汉铁路的建设,武昌商埠局试图在这块地方重新规划建设商场,从图 4-6 不难看出,规划地块按照与粤汉码头的距离远近被分成五个地价等级;规划道路相对比较规整,与粤汉铁路线保持了较紧密的交通联系。

19 世纪末 20 世纪初,武昌、汉阳片区的城市空间结构与形态的演变得益于沿江工业的兴起。随着汉阳龟山北的汉阳铁厂、兵工厂等的发展,汉阳古城空间迅速向龟山北方向突进,近代新兴的产业空间与传统城市功能空间连绵成片。

美国学者罗威廉的研究认为,最迟在 19 世纪 80 年代,汉口的这种世界

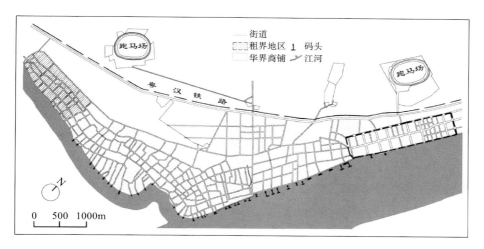

图 4-5　1918 年汉口路网与长江、汉江岸线码头的关系示意图

（图片来源：武汉历史地图集，1998.作者改绘）

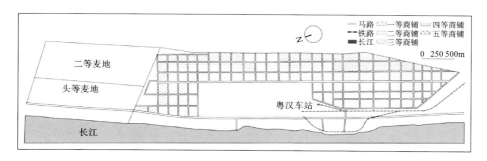

图 4-6　武昌商埠规划示意图

（图片来源：武汉历史地图集，1998.作者改绘）

性地位便开始显现。1905 年，它更是被日本人水野幸吉称为"东方芝加哥"。经过张之洞"湖北新政"的打造，武汉在晚清时期不仅是仅次于上海的中国第二大商埠，还成为中国早期工业化运动的发祥地之一，在"东方芝加哥"称呼之外又有"中国的曼彻斯特"的美誉。

　　由于河湖水系地缘因素限制，武汉三镇的城市空间发展长期自成一体，在历史发展过程中，这种城市格局具有相当的稳定性。近代汉口开埠，使得汉口后来居上，成就了其在武汉的商业中心地位。长江、汉江的岸线、铁路线和区域公路沿线成为早期武汉城市空间拓展的主导方向。武汉近代建设的卢汉铁路和粤汉铁路,既拉近了中国南北地区的交通联系、促进了武汉经济贸易的发展,也在客观上推动了武汉近代城市空间格局的形成(图4-7)。

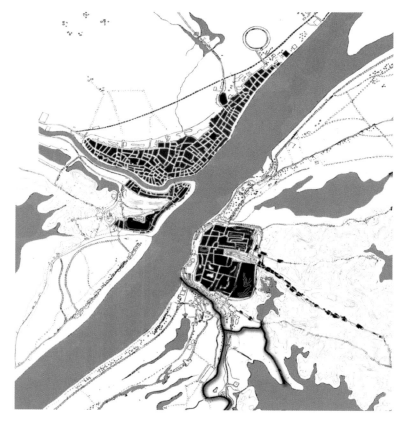

图 4-7 1899 年武汉三镇城市空间格局示意图

(图片来源:武汉历史地图集,1998. 作者改绘)

为了保护铁路,同时防御后湖水患威胁市区,自 1904 年开始,从舵落口到丹水池修建了一条长达 13.5 km 的大堤。这道被记在张之洞功劳簿上的"张公堤",把后湖大片的水域挡在堤外,堤内的水域失去水源,逐步演变为陆地,从而把汉口市区面积扩大了近 20 倍,为汉口的发展拓宽了空间。随后由于货物运输量增多,装卸任务繁重,又建起了大量的仓库、工厂、搬运所,还有前店后库的货栈,形成了一个繁华的商业带。铁路沿线的迅速发展,也威胁到汉口城堡的存在。1906年,汉口城墙开始拆除,在城墙的基础上,修建了从硚口到英租界的后城马路。城墙的拆除,反过来又促进了铁路沿线的发展。一批新兴的近代企业落脚于硚口以上汉水沿岸到大智门车站之间,从丹水池到谌家矶,逐步成为汉口近代企业的集中地[①]。

1936年6月,粤汉铁路全线连通以后,运输量日增,与京汉铁路的衔接显得更为迫切。1937年3月10日,随着汉口江岸火车站江边和武昌徐家棚火车站江边的两座铁路轮渡码头竣工,平(京)汉铁路和粤汉铁路的列车轮渡业务正式运行。遗憾的是,运行不到一年半的时间,1938年8月,因日寇进逼武汉,火车轮渡被迫停航。直到抗战胜利后的1947年,江岸火车站和徐家棚火车站之间的火车轮渡航线重新开航。这种被戏称为武汉一大"怪"的"火车要用轮渡载"景象,一直延续到武汉长江大桥通车。

粤汉铁路北端起点由鲇鱼套移到徐家棚,给徐家棚创造了一个千载难逢的机会。随着徐家棚车站的兴建,这片原本人烟稀少的旷野也迅速发展起来,甚至还形成了以粤汉铁路冠名的"粤汉里"这种独一无二的特色。这时的徐家棚地区不仅是粤汉铁路局办公机关的所在地,是铁路工人集中的居住地,而且还是武昌城区以北最繁华热闹的地方,商贾云集。粤汉铁路对武昌城区建设的拉动当然不限于徐家棚地区。这条铁路当初在武昌城外沿途设立了4个车站。除1917年2月建成的徐家棚站外,还有1916年建成通车的湘门站,1915年4月和6月分别建成的余家湾站和鲇鱼套站。一个车站带动一大片,把武昌的城区布局向东、北、南三方向拓展。当年并非终点的通湘门站,1937年定名为武昌总站后,不断地发展变迁,今天已成为全国铁路重要中转站之一。周边形成了配套较齐全、功能完善、交通发达的闹市区。河湖水系、近代铁路和城际公路成为武汉城市空间扩展的重要载体,进一步加速了武汉近代城市空间骨架的形成(图4-8)。

总之,古代武汉选址于河湖沿岸(距水岸线有一定距离,以防止洪涝灾害),其根本原因是解决安全防御、城市供水与水路交通问题。城墙和护城

① 汪瑞宁.京汉铁路南端缘何移至玉带门[J].武汉文史资料,2009(12).

图 4-8　1949 年武汉城市空间格局示意图

（图片来源：武汉历史地图集，1998.作者改绘）

河构成城市防御体系,使得城市空间具有一定内向性。城市滨水区空间主要作为商品贸易、物资转运等生产性场所。由于城市人口数量有限,城市空间主要囿于城墙内部发展,城市滨水缓冲区尚处于一种自然演进的状态。城市与水的人地关系矛盾还没有真正凸显出来。第二次鸦片战争后,伴随汉口的开埠,各类商品贸易以及水路交通快速发展,汉口城市滨水区空间迅速扩展;水运码头、水路与城市空间的有效衔接,在客观上加速了滨水路网(平行或垂直于水路)的形成。汉江两岸防洪堤坝以及汉口后湖张公堤的建设在保障堤内人民财产安全的同时,进一步带动了沿岸滨水区开发的进程。这一阶段,武昌紫阳湖沿岸的部分区域已逐步被开辟为游乐场所,滨水空间的生活功能得以体现。但总体而言,该阶段城市扩展对滨水缓冲区的影响相对较小,城市用地与河湖水系处于相邻阶段。城市滨江空间(长江、汉江)依然是以码头、工厂等生产性设施占主导(图 4-9、图 4-10),滨河空间(如黄孝河、巡司河)大多尚处于萌芽发展状态,滨湖空间基本以农业功能为主。

图 4-9　晚清时期汉江边的
　　　　汉阳兵工厂

(图片来源:张之洞博物馆)

图 4-10　晚清时期武汉滨江
　　　　　空间意向

(图片来源:张之洞博物馆)

二、相连阶段:1949—1983 年

1949 年中华人民共和国成立后,武汉城市建设全面展开,城市空间规模急剧扩大。为满足生产功能布局需要,武汉市出现了向河湖水系借地的现象。大量滨水用地被划作城市产业用地,滨水区开发挤占了河湖水系空间。

"一五"期间,全国兴建了 156 个大型基本建设项目,其中在武汉兴建的有武钢、武重、武船、肉联、青山热电厂、长江大桥等项目,使武汉形成重工业基地。在这些大型工厂的带动下,形成了青山、钵盂山、堤角、白沙洲、易家墩等工业区。1958 年,全国掀起大炼钢铁的高潮,武汉市也不例外,由此带动了武汉城市空间迅速扩张。汉阳和武昌得益于工业项目的推动,其建成区规模逐渐扩大。其中,武昌建成区规模开始赶超汉口,逐步打破了自明清以来汉口一枝独秀的局面。到 1980 年代,武昌建成区规模完全超越汉口,与汉口形成并驾齐驱之势,与此同时,汉阳城市空间则基本在其原有城址周围沿长江、汉江蔓延式地推进,发展相对缓慢。

与汉口城市空间发展相对密集不同的是,武昌和汉阳的城市空间发展则相对松散。究其原因,汉口主要得益于历史上商贸业的兴盛,尤其受近代租界区建设的客观推动,城市既有的发展基础较好,又因城区内的湖泊水系相对较少,对路网结构体系影响较小,故其城市空间发展相对密集;而武昌和汉阳的城市空间则是在长期自然生长的基础上,各自在原有城址周围、区间公路沿线及河湖水系之间的陆域地带蔓延式地推进,城市既有的发展基础较差,又因各自片区内的河湖水系较发达,湖泊众多,对路网结构体系影响较大(表现为断头路、丁字路十分普遍),使得各片区的城市空间发展相对松散。

与武昌旧城无序化的道路系统相比,武昌青山片区作为"一五"计划时期国家投资建设的武钢工业基地,其道路系统呈方格网型布局。该片区由苏联专家规划、指导建设,道路系统由平行于长江方向的临江大道、和平大道和垂直于长江方向的建设一路至建设十路组成。路网与青山港货运码头联系便捷,以保障日常工业生产活动能够顺利进行。这与一江之隔的汉口原租界区的道路建设思路如出一辙。显然,现代理性规划对传统农业社会自然发育而成的道路系统产生了深远的影响。

比照武汉市现状道路图不难发现,现汉口片区、武昌青山片区的路网各自延续了原租界区、武钢工业基地的路网结构。汉口中山大道、京汉大道、解放大道与沿江大道为基本平行于长江的走向,与上述连接的道路大多是垂直长江方向的走向,其中部分道路正是以原租界道路为基础,如南京路、香港路；武昌友谊大道与和平大道平行布局，建设一路至十路往友谊大道方向垂直延伸。

　　然而，长期以来，受长江和汉江天然屏障的影响，尤其是在现代跨江桥梁（隧道）修建之前，武汉三镇之间的交通只能依靠轮渡、浮桥，十分不便。这在一定程度上造成了武汉三镇在用地功能、道路系统、市政设施等方面的不同，其整体性相对较差（图 4-11）。

图 4-11　1957 年、1980 年武汉路网结构示意图

（图片来源：武汉市规划研究院）

　　综上，该阶段大型工业基地的建设客观上加速了武汉城市滨水区空间的发展。比如，武钢、武车、武船、武重等工业基地的建设，促进了青山港、徐家棚、巡司河、沙湖等片区的开发，并使这几个地方逐渐发展成为武汉市重要的生产和生活组团。但同时也应看到，随着滨水用地开发与河湖水系直接相连，河湖水系之间的连通关系逐渐被打破，水环境日益恶化，城市与水的人地关系矛盾逐渐显现出来。

第二节　城市滨水缓冲区空间现状及特征（1983—2013 年）

　　古代和近代时期武汉城市滨水区空间缓慢发展，但改革开放以来武汉城市滨水缓冲区空间急剧变化。由于无法获取 1983 年以前的武汉城市遥感影像数据，因此，前文主要采取历史地图判读和查阅文献的方法，以定性描述为主。下面笔者将根据获取到的 1983—2013 年遥感影像数据，结合

ENVI 软件对数据进行矢量化，识别出 1983—2013 年河湖水系景观格局图，如图 4-12 至图 4-15 所示。依托河湖水系景观格局图，通过定性分析与定量分析相结合的方法，分层次地对武汉城市滨水缓冲区空间变化进行分析。

图 4-12　1983 年武汉市河湖水系景观格局

（图片来源：作者绘制）

一、河湖水系急剧萎缩

1. 武汉市域河湖水系变化情况

1983—2013 年，武汉市域河湖水系面积减少 60519.81 hm²，总萎缩率为 34.51%，其中 1983—1992 年减少了 20541.74 hm²（年均减少 2282.42 hm²），1992—2002 年减少了 6644.16 hm²（年均减少 664.42 hm²），2002—2013 年减少了 33333.91 hm²（年均减少 3030.36 hm²），如图 4-16 所示。各时段内武汉市域河湖水系面积均有不同程度的萎缩（图 4-17），其中 1983—1992 年、1992—2002 年、2002—2013 年分别萎缩 13.27%、4.48% 和 29.02%。

图 4-13　1992 年武汉市河湖水系景观格局

（图片来源：作者绘制）

图 4-14　2002 年武汉市河湖水系景观格局

（图片来源：作者绘制）

图 4-15 2013 年武汉市河湖水系景观格局

（图片来源：作者绘制）

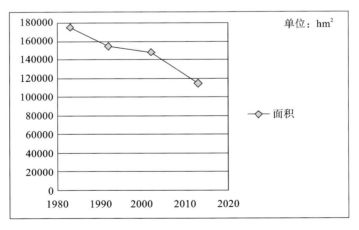

图 4-16 武汉市 1983—2013 年河湖水系变化

（图片来源：作者绘制）

2. 武汉市各行政管理区内河湖水系变化情况

1983 年、1992 年、2002 年、2013 年武汉三镇各行政区湖泊水系面积如

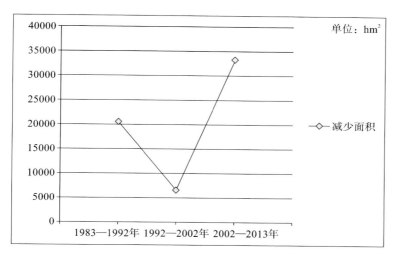

图 4-17　武汉市各时段河湖水系面积减少情况

（图片来源：作者绘制）

图 4-18 所示。总体而言，汉阳河湖水系面积最小（2013 年面积为 22188.32 hm²），汉口次之（2013 年面积为 36092.66 hm²），武昌的湖泊面积最大（2013 年面积为 56545.57 hm²）。1983—2013 年武汉三镇湖泊变化最大的是汉口，共减少 25293 hm²，年均减少 843.10 hm²，萎缩率达到了 41.2%；其次为武昌，共减少 22281.55 hm²，年均减少 742.72 hm²，萎缩率为 28.27%；汉阳变化最小，共减少 12944.40 hm²，年均减少 431.48 hm²，萎缩率达到了 36.84%。

3. 武汉市三环线内、外河湖水系变化情况

30 年中，三环线内、外的河湖水系总面积分别减少 8290.77 hm²、52229.04 hm²，其中 1983—1992 年分别减少 1757.98 hm²、18783.77 hm²；1992—2002 年分别减少 3798.16 hm²、2846 hm²；2002—2013 年分别减少 2734.63 hm²、30599.27 hm²。三环线内、外的河湖水系萎缩率都超过了 30%，分别为 46.07%、33.19%（图 4-19、图 4-20）。不难看出，三环线内河湖水系萎缩程度相对较为严重。

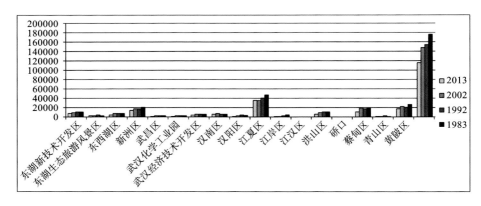

图 4-18　武汉市 1983—2013 年各行政管理区域河湖水体变化

（图片来源：作者绘制）

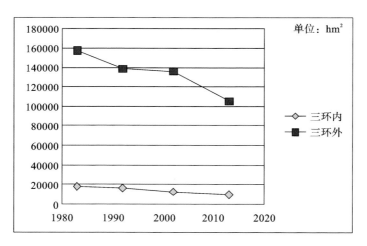

图 4-19　武汉市 1983—2013 年三环内、外河湖水系变化

（图片来源：作者绘制）

4. 典型湖泊水系变化情况

据 2013 年相关数据统计，武汉市中心城区湖泊共 40 个，其中三环线内湖泊有 22 个。通过对各时段湖泊水系数据的提取发现，位于汉口的后襄河、菱角湖、西湖、北湖、小南湖、机器荡子、鲩子湖 7 个湖泊，汉阳的莲花湖，以及武昌片的紫阳湖、晒湖、内沙湖、四美塘 4 个湖泊，因其面积相对较小（小于

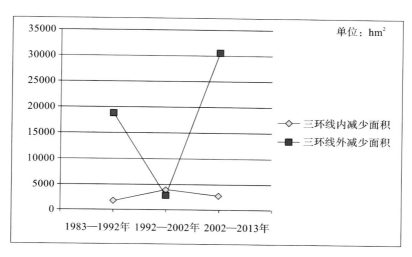

图 4-20　武汉市三环线内外各时段河湖水系面积减少情况

(图片来源:作者绘制)

50 hm²),通过 GIS 软件监督分类得到的水系轮廓线较模糊。经综合比较,从减少数据误差角度出发,本研究认为这些湖泊不宜作为典型湖泊,故予以排除。

东湖、沙湖、南湖、野芷湖、墨水湖、龙阳湖 6 个湖泊(图 4-21 至图 4-25),面积相对较大(大于 50 hm²),其周边滨水用地开发业已发展到一定程度,对于考察河湖水系与滨水用地规划建设的剥离性问题,都是较好的案例,故本研究重点对这几个湖泊的景观变化情况进行统计(表 4-1)。

表 4-1　武汉典型湖泊景观变化测度

湖泊名称	年份	周长/m	总面积/hm²	萎缩量/hm²	萎缩率/(%)	分维
东湖	1983	86555.89	4487.2	—	—	1.15
	1992	170239	3712.89	774.31	20.85	1.21
	2002	126727	3542.98	169.91	4.8	1.19
	2013	116206	3213.94	329.04	10.24	1.19

续表

湖泊名称	年份	周长/m	总面积/hm²	萎缩量/hm²	萎缩率/(%)	分维
沙湖	1992	15855.7	891.23	—	—	1.04
	1983	23965.9	650.05	241.18	37.1	1.11
	2002	11613.1	395.34	254.71	64.43	1.05
	2013	8280.51	251.9	143.44	56.94	1.04
南湖	1983	54379.6	1757.54	—	—	1.15
	1992	96554.97	1509.71	247.83	16.42	1.21
	2002	43122.17	968.11	541.6	55.94	1.15
	2013	23105.4	745.85	222.26	29.8	1.09
墨水湖	1983	21021.5	486.12	—	—	1.11
	1992	24714.7	426.27	59.85	14.04	1.14
	2002	31057.3	406.66	19.61	4.82	1.18
	2013	16304	273.92	132.74	48.46	1.12
野芷湖	1983	10621	280	—	—	1.06
	1992	17638.6	266.38	13.62	5.11	1.14
	2002	24874.4	254	12.38	4.87	1.18
	2013	14961.8	192.28	61.72	32.1	1.14
龙阳湖	1983	11138.35	214.52	—	—	1.1
	1992	18811.8	172.25	42.27	24.54	1.16
	2002	11649.8	146.73	25.52	17.39	1.12
	2013	9971.62	117.9	28.83	24.45	1.12

（资料来源：笔者绘制）

数据表明，1983—2013 年湖泊面积萎缩量较大的是东湖、南湖和沙湖，分别减少 1273.26 hm²、1011.69 hm²、639.33 hm²，萎缩率分别为 28.38%、57.56%、71.74%；湖泊面积萎缩量较小的是墨水湖、龙阳湖和野芷湖，分别减少 212.2 hm²、96.62 hm²、87.72 hm²，萎缩率分别为 43.65%、45.04%、

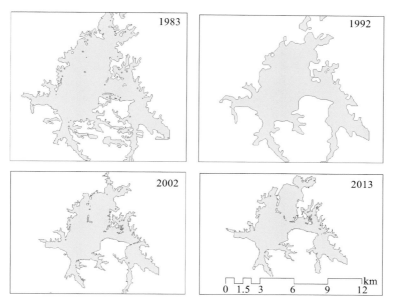

图 4-21　历年东湖景观变化示意图

（图片来源：作者绘制）

31.33%。

二、滨水用地无序扩张

数据显示，1983—2013 年间，武汉市中心城区建设用地增长迅速，滨水用地处于无序扩张状态。1983 年、1992 年、2002 年、2013 年城市建设用地分别为 15688 hm²、16594.65 hm²、24840.09 hm²、33281.28 hm²。城市滨水用地变化的总体趋势为：①武汉三镇滨水用地开发建设十分不均衡，长江沿岸滨水区发展主要集中在汉口和武昌片，汉阳发展相对较缓；汉江滨水区发展主要集中在汉口，汉阳片次之；②武汉三镇滨水用地开发的主导方向不明，典型湖泊周边滨水用地呈现高度开发态势，围湖开发现象越来越普遍，湖泊萎缩较为严重（图 4-26 至图 4-29）。

1. 沿江滨水用地变化情况

整体而言，武汉中心城区沿江滨水用地开发量逐年呈现上升趋势。长

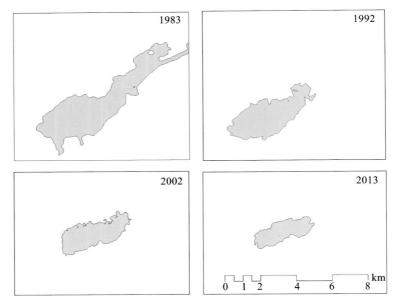

图 4-22 历年沙湖景观变化示意图

(图片来源：作者绘制)

江两岸的滨水用地开发势头明显好于汉江两岸。汉口区为了展现汉口旧城辉煌的历史，对原租界区的临街优秀历史建筑、沿江大道和外滩进行改造和建设，恢复旧街区的历史风貌，将江滩建设成集休闲、娱乐、防洪于一体的大型公园，提升了汉口滨江区的综合服务功能；武昌借临江布置的工业企业"关停并转"之机，按规划拆除临江建筑，拓宽建设了武昌临江大道，与汉口沿江遥相呼应，成为武汉市"两江四岸"的重头戏。武汉市滨江开发范围主要集中在长江一桥和二桥之间。根据"十二五"规划，武汉城市格局将以主城区为核心，由长江一桥往上游拓展至白沙洲大桥一带，由长江二桥向下游拓展到天兴洲大桥一带，基本控制在三环线以内，重点沿两江四岸开发建设。

1983—1992年间，汉江沿线滨水用地变化较大的是琴断口、吴家山地区，长江沿线滨水用地变化较大的是汉阳的四新地区杨泗港一带、汉口的二七路地区，以及武昌的白沙洲、青山临江大道地区。

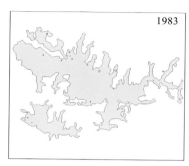
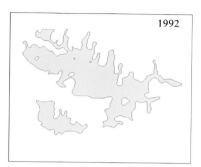
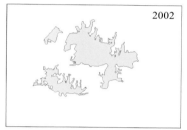
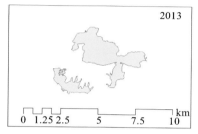

图 4-23　历年南湖、野芷湖景观变化示意图

（图片来源：作者绘制）

1992—2002 年间，汉江沿线滨水区已拓展至三环线，而长江沿线滨水区的情况是：汉口片区已拓展至谌家矶和堤角一带；汉阳片区已延展至国博中心一带；武昌片区的滨水区一部分沿武金堤路继续往上游的青菱方向一带延伸，另一部分由武钢厂继续往下游的天兴洲大桥一带延伸。

2002—2013 年间，汉江沿线滨水用地开发用地突破三环线，沿其上游继续延伸，原先已开发的滨水区随着用地结构调整与功能升级，逐步进入滨水用地更新阶段。长江沿线滨水用地，武昌片区一方面随着青山港向下游深水地区转移，带动了阳逻一带和武汉化工园区的发展，另一方面则随着白沙洲都市工业园往三环线青菱湖方向扩展，进而形成青菱滨水工业园区。汉口在这一时段，伴随江滩滨水景观建设和永清街旧城改造推进，客观加速了滨水用地更新进程。

随着武汉城市转型进程加速，汉口片区依托江滩滨水景观带建设，沿江滨水用地商务功能建设力度加大；武昌片自 2006 年开始三层楼、积玉桥、徐

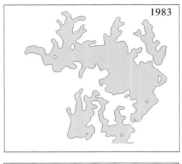
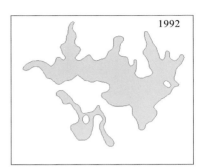

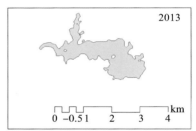

图 4-24 历年墨水湖景观变化示意图

(图片来源:作者绘制)

家棚、杨园一带的旧城改造及工矿企业外迁,进一步加速了滨水用地"退二进三"的进程。相比较而言,汉江沿岸滨水用地开发建设相对迟缓,长期集中在龟山北、月湖桥一带发展,2008 年后随着工业向中心城区外围转移,逐渐在黄金口、舵落口一带形成滨水工业组团。

综上所述,1983—2013 年武汉沿江滨水用地变化的特征表现为:①用地功能由纯居住转向功能复合化;②用地建设规模有了大幅度提升,由孤立滨水地块开发转向滨水片区开发;③滨水公共开敞空间建设逐渐摈弃华而不实的做法,开始转向内涵的提升,景观风貌与品质有了明显改善;④汉口、汉阳、武昌滨水用地开发逐渐呈非均衡式发展格局,汉口、武昌滨水空间发展明显好于汉阳。

2. 典型湖泊周边滨水用地变化情况

自 20 世纪 90 年代以来,伴随工业化和城市化的快速发展,武汉市凭借丰富的湖岸景观资源,相继进行了一系列规模不等的滨湖房地产开发活动。

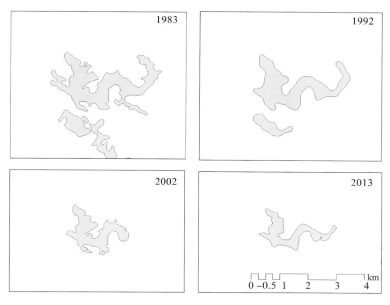

图 4-25　历年龙阳湖景观变化示意图

（图片来源：作者绘制）

武昌的晒湖、东湖、南湖、沙湖、野芷湖等湖泊周边地区建设了大量住宅小区；汉阳的月湖、莲花湖、墨水湖、龙阳湖等湖泊周边地区也进行了规模不等的房地产开发活动；汉口的西北湖周边地区出现了一批高楼，比较典型的有武汉国贸大厦、民生银行等，成为汉口现代商务集中展示区。

但随着滨水用地不断挤压岸线和侵蚀水域，武汉三镇各片区的湖泊岸线复杂度均呈下降的趋势，下降的幅度在空间上表现出不均衡性，下降最快的是位于武昌核心区的沙湖。在城市化的影响下，湖汊水域空间衰退趋势明显，沟连主湖的附属塘堰、湿地被转化为城市建设用地，湖泊的数量及岸线发育呈现弱化趋势。原来纵横交错的河湖连通性变差，以城市化为代表的人类活动影响了河湖水系结构及连通性，使得城市洪涝灾害风险加大，严重制约了社会经济的发展。

1983—2013 年典型湖泊周边滨水用地变化大小依次为东湖＞南湖＞沙湖＞墨水湖＞龙阳湖＞野芷湖。东湖周边滨水用地功能变化主要集中在武

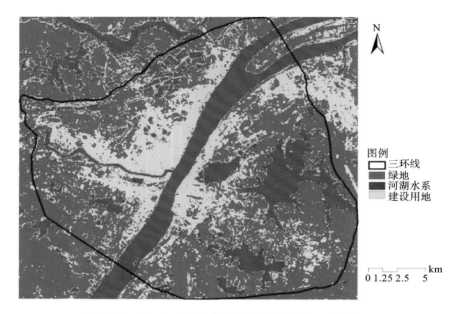

图 4-26　1983 年三环线内河湖水系周边滨水用地变化图

(图片来源：作者绘制)

汉体育学院、邮科院、东湖村一带；南湖、沙湖片滨水用地大部分已转化为城市建设用地，变化较剧烈；墨水湖片、龙阳湖片、野芷湖片滨水用地变化相对缓慢。

3. 滨河(港渠)沿岸用地变化情况

伴随滨江、滨湖地区开发，武汉市以滨河(港渠)水系环境整治为契机，兴起了一股滨河(港渠)沿岸地区开发建设热潮，代表有：依托东湖—沙湖连通工程而兴起的万达楚河汉街城市综合体项目，伴随巡司河沿岸环境景观整治工程而进行的滨水旧区用地更新建设活动（建有保利公园九里、金地圣爱米伦等大型住宅小区），以及围绕黄孝河污染治理工程而推进的沿岸滨水景观提升项目。

总之，20 世纪 90 年代以前，武汉市的城市化进程速度较慢，人类活动对河湖水系的干扰作用较小，河湖水系的结构与功能并没有受到较大的影响。20 世纪 90 年代以后，伴随社会主义市场经济体制的建立，武汉城市化进程

图 4-27　1992 年三环线内河湖水系周边滨水用地变化图

（图片来源：作者绘制）

快速发展,河湖水系环境整治建设加速了滨水用地开发与再开发进程,滨水用地开发对河湖水系的结构与功能的干扰作用加强,导致河湖水系密度大幅度下降,河道主干道明显；随着城市的扩张,滨水用地不断被转化为城市建设用地,人为填占水域,河湖水系的密度变疏。相比而言,长江、汉江主干河道稳定性较好,这主要是近 30 年人工堤防工程和滨江景观带建设带来的结果；但港渠的稳定性较差,这是由于 20 世纪 90 年代巡司河、黄孝河、机场河、罗家港等水系因环境污染严重,部分港渠被改为地下河,而到 2002 年后,部分地下河段陆续被打开,得以重见天日,因而统计的河流面积增加。

三、城市滨水缓冲区空间处于相争阶段

相争反映的是滨水用地与河湖水系彼此争斗的一种状态。一方面,随着城市化加速,为满足城市空间拓展需要,大量的水域被填占,成为城市建设用地,造成河湖水系结构破碎化与功能退化；另一方面,随着滨水区人地

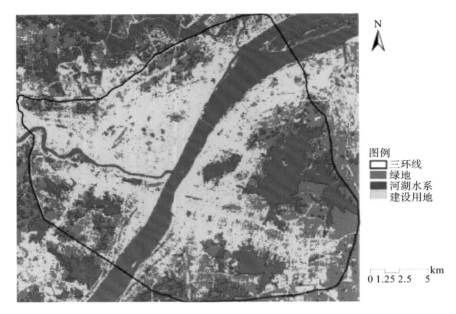

图 4-28　2002 年三环线内河湖水系周边滨水用地变化图

（图片来源：作者绘制）

关系日益紧张，为保护与修复河湖水系生态系统，城市需要更多缓冲区空间抵御滨水用地开发对河湖水系环境的负面影响。

　　1983 年以来，城市滨水缓冲区空间一直处于"相争"阶段。武汉城市人口逐年增长，城市变得拥挤，为满足城市空间扩张的需要，大量滨水用地被转化为城市建设用地，造成许多河湖水域空间被侵占、填埋，河流被城市生活垃圾和工业污水充斥而沦为臭水沟。随着河湖水质下降、水域面积缩减、水量减少、河湖调蓄能力下降，河湖水系环境严重地影响周边滨水区居民生命财产安全、身体健康以及滨水区空间景观质量。针对巡司河、黄孝河的水环境持续恶化问题，武汉市实施了"明改暗"工程，将巡司河、黄孝河的部分水道改成箱涵，把脏和臭"盖"在地下。但实践证明，这种治标不治本的水环境治理方式，不仅没有真正改善滨水区周边人居环境，反而加速了沿岸滨水区的衰败。直至今日，巡司河沿岸地区还被许多人称作"熏死河"和贫民窟集中营。

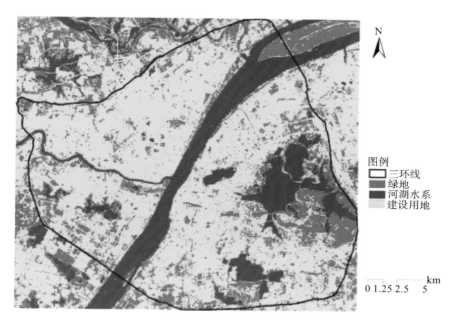

图 4-29　2013 年三环线内河湖水系周边滨水用地变化图

（图片来源：作者绘制）

第三节　城市滨水缓冲区空间发展态势

一、滨水缓冲区的耦合发展

　　耦合是两种或两种以上物质（事物）相互作用时，产生彼此依存、协作支撑的现象。城市河湖水系与滨水用地空间演进过程中体现的耦合，一方面体现在城市滨水用地空间扩展对河湖水系结构、功能和环境质量的改善产生积极作用，另一方面则是河湖水系结构、功能和环境质量的改善对滨水用地开发起到较大支撑作用。这种耦合大都出现在城市复兴与空间重构阶段。

　　前面梳理了滨水缓冲区空间发展历程，我们对武汉城市河湖水系与城

市空间扩展之间的关联性有了一个清晰认识:河湖水系是城市滨水用地空间演进的纽带和制约因素,城市滨水用地开发是河湖水系形态、功能和环境质量变化的直接因素。武汉滨水缓冲区空间演进过程中,城市滨水用地与河湖水系的关系呈现由相邻到相连,再到相争,最终走向耦合的发展过程。

伴随城市盲目发展带来的诸多环境问题,武汉市政府逐渐意识到水环境的改善对提升滨水地区人居环境具有不可替代的效应。武汉市政府以水环境治理为契机,通过实施"六湖连通"工程,建立水体系,使水系与滨水用地功能交融,提升了城市品质和环境质量;通过实施"两江四岸"绿化建设,带动了城市滨江用地开发与更新。随着社会公众对河湖水系生态环境治理以及滨水公共空间建设的呼声越来越高,武汉城市滨水缓冲区建设逐渐从胁迫状态开始往耦合发展方向迈进。

二、滨水缓冲区的功能复合

河湖水系作为重要的自然环境要素,是区域自然环境变化和人与自然相互作用最为敏感、影响最为深刻的地理单元。其分布状况不仅影响城市形成(选址),而且影响城市空间扩展,并直接或间接地影响到城市功能布局与空间形态。与此同时,在城市形成与空间扩展过程中,人类活动也会对河湖水系自然演变过程产生积极的或消极的影响。河湖水系自然演变过程与城市滨水用地相互作用,不断地进行物质、能量和信息的交换和传输,进而形成了不同类型的城市滨水缓冲区空间。通过对武汉城市滨水缓冲区空间发展历程分析发现,滨水缓冲区建设逐步由单一功能向生态化、复合化方向发展。主要表现在以下四个方面。

(1)由单一的水环境治理和生态保护到关注滨水用地空间。

(2)由单一的水系连通到关注滨水公共空间的连续性。

(3)由单一的水岸绿化到关注滨水公共空间的共享性。

(4)由单一的蓝线控制到注重与滨水用地灰线的协调。

三、滨水缓冲区的多元分化

城市滨水缓冲区是人与水的关系不断变化,逐步走向适应性的过程。

远古时期,河湖水系完全是自然演变,人类被动适应环境;到古代传统农业时期,河湖水系以自然演变为主,人类逐步适应;再到近代工业时期,人类主动改造河湖水系格局;现代工业时代,河湖水系格局变化加剧,人类开始着手寻求适应途径,重塑人与水的关系。武汉市为提升城市滨水区景观形象,进行了河湖水系环境综合整治以及滨水用地开发与再开发活动,城市滨水缓冲区出现了多元分化。

大量工业企业从城市中心区向城市外围或其他城市或地区扩散;传统水运港口因轮船货运吨位的提高,开始由城区向河道下游深水方向迁移①。同时,由于人口持续增长,城市中心区可利用的土地资源和开放空间越来越少,而一度被忽视的城市滨水空间却提供了难得的建设用地。这种现象带来了滨水空间资源利用的历史性转变:以商务和游憩活动来复兴城市滨水缓冲区的计划成为城市规划中的重要内容之一。

武汉市内大型工厂、仓储业或码头站场曾经占据的滨水空间,多具有空间功能置换的可能性,于是城市滨水空间用地功能结构的调整成了这些地区再生的基本条件,比如,随着武重、武车等大型工厂的外迁,原有厂区已作为商务、住宅用地开发。随着城市产业结构调整("退二进三"),工业企业整体外迁,武汉城市河湖水系的功能也在发生根本性的变化,传统河岸线的生产功能逐步退化,城市滨水缓冲区空间的商务、游憩、生活休闲等社会服务功能开始强化。

第四节　本　章　小　结

本章首先对武汉城市河湖水系与城市空间的演进历程进行了较全面的分析,发现城市滨水缓冲区形态变化是河湖水系自然演变和滨水用地开发时人类活动共同作用的结果。

从早期居民"逐水而居"到城市"依水而建",这是先人在长期认识自然

---

① 王建国,吕志鹏.世界城市滨水区开发建设的历史进程及其经验[J].城市规划,2001,25(7):41-46.

环境基础之上的自觉性选择,也是人类本能地尊重自然、适应自然的真实写照。随着社会经济发展和科学技术进步,人类改造自然的能力有了大幅度的提高。当人类一次次在"人定胜天"观念的影响下去改变自然环境,并由此尝到自己种下的恶果后,人类回过头又重新开始反思自然环境和人类活动的关系。河湖水系从最初为人类提供水源和便于交通运输,到后来被当作城市空间扩展的障碍,这映射出人类对自然环境的漠视已达到令人难以想象的地步。

城市滨水用地开发与高质量的水环境都是人们所追求的,但其间存在着相互矛盾的一面。随着城市化进程的加快,人地矛盾、水环境污染等问题尚未得到根本解决,如何协调滨水用地与河湖水系之间的关系,应当成为滨水缓冲区建设的重要任务。通过对武汉城市滨水缓冲区空间发展历程分析发现,河湖水系与滨水用地的关系经历了由相邻到相连,再到相争,最终往耦合方向转化的过程;随着社会经济发展和生态文明进步,滨水缓冲区逐渐由单一功能向复合功能转变,城市滨水缓冲区正迎来恢复与重建的契机。

第五章　武汉城市滨水缓冲区的划定与评价

城市滨水缓冲区是水陆生态系统交错的地带，是连接河湖水系与滨水用地的功能过渡带，也是河湖水系的天然保护屏障。滨水缓冲区空间受周期性的水位变化和滨水用地建设活动的相互作用而呈现不稳定特征。本章将着重探讨城市滨水缓冲区的划定方法与评价体系，通过构建适宜的评价指标，对城市滨水缓冲区空间进行测度，结合现状问题调查分析城市滨水缓冲区的影响要素，为下一章提出城市滨水缓冲区空间调控策略奠定基础。

第一节　城市滨水缓冲区划定方法与范围确定

一、城市滨水缓冲区划定方法

绿线[①]、蓝线[②]、红线[③]作为城市滨水地区三种主要的控制线[④]，是城市滨水缓冲区划定的重要参考依据。界定城市滨水缓冲区边界的核心是标准问题，即界定滨水缓冲区与非滨水缓冲区的依据是什么。有了确定的界定标

---

① 笔者注：2002 年建设部颁布的《城市绿线管理办法》指出，绿线是城市中各类绿地范围的控制线，包括公园绿地、生产绿地、防护绿地、单位附属绿地等。《城市绿线管理办法》的出台，对维护城市绿地在城市生活中所承担的功能奠定了基础，对城市绿地系统规划提出了新的要求。

② 笔者注：2005 年建设部颁布的《城市蓝线管理办法》指出，蓝线是指城市规划确定的江、河、湖、库、渠和湿地等城市地表水体保护和控制的地域界线。《城市蓝线管理办法》的出台，对加强城市水系的保护与管理，保障城市供水、防洪防涝和通航安全，改善城市人居生态环境，提升城市功能，促进城市健康、协调和可持续发展具有重要作用。

③ 笔者注：红线是城市各类规划用地范围的标志线，是指道路用地与其他建设用地的分界线，红线与建筑红线之间还有可能存在绿线。

④ 杨春侠,卢济威.充分利用生态资源,优化组织滨水地区蓝、绿、红线[J].城市规划学刊,2008(5):102-105.

准,才可以选择相应的划定方法。由于目前国内尚无专门针对滨水缓冲区边界的法定管理措施,为寻求滨水缓冲区的法律保证,本研究拟以绿线、蓝线、红线等管理办法为基础,通过统筹规划,尝试性地提出城市滨水缓冲区的划定方法。

一般而言,蓝线中的江、河、湖、库、渠和湿地等城市地表水体可以借助遥感影像、航片、视觉感受来界定,相对较容易,而绿线、红线的界定则有较大困难,需要根据城市滨水缓冲区的功能定位、城市滨水用地布局、汇水区域条件综合考虑。

1. 城市滨水缓冲区的功能定位

包括维持水岸结构稳定,保护和修复河湖水系环境,引导人们合理开发滨水用地,为城市提供各种生态服务功能,满足人们的物质需求、安全需求和精神需求[①]。滨水缓冲区根据不同功能定位,宽度会存在较大差异。自 20 世纪 60 年代以来,欧美发达国家通过制定相关条例和建设导则,明确规定了缓冲区(主要是对河岸带)的最小宽度和最大宽度的参考值(表 5-1)。不难看出,各国规定的宽度值标准存在较大差异。因此,在进行城市滨水缓冲区范围确定时,缓冲区的宽度需要综合多因素分析,与社会经济发展实际相适应,否则容易造成资源浪费。

表 5-1　不同目标的滨水缓冲区宽度推荐值范围

缓冲区功能		要求的宽度/m	文献来源
固岸防止河岸侵蚀		0～50	CRJC
控制洪水		75～200	CRJC
水质保护	减氮功能	25～125	CRJC
		30	G. Pinay 等
	减磷功能	50	D. W. Swift 等

---

① 张彪,谢高地,肖玉,等. 基于人类需求的生态系统服务分类[J]. 中国人口·资源与环境,2010,20(6):64-67.

续表

缓冲区功能		要求的宽度/m	文献来源
泥沙截留		45～150	CRJC
		55～100 （坡度大于3°的林地）	D. W. Swift 等
河溪生物多样性 维持及生态系统 完整性维持	无脊椎动物、生 物多样性维持	10～50	D. Cowan
		5～20	S. D. Rundle 等①
	野生动物 栖息地保护	50～300	CRJC
	鱼类栖息地 保护	0～75	CRJC
满足各功能发挥		7.5～15/15～25	C. R. Blinn 等
		10～30	Skogsstyrelsen
		15～30	A. J. Castelle 等

（资料来源：作者整理）

2. 城市滨水用地布局

主要是在对城市各项基本条件进行全面分析的基础上，结合区域的自然地理因素，对各个划分的区域的功能、空间发展走向、土地利用等所做的统筹安排，以使城市能够有效地避开不利的因素，向环境良好，条件优越、适宜的区域发展，各地块通过规划之后也能达到有序的分工协作，进而使城市用地的整体结构优化。以居住用地为例，居住用地布局的原则包括：①协调与城市总体布局的关系；②尊重地方文化脉络与居住方式；③重视与绿地等

---

① RUNDLE S D，LLOYD E C，ORMEROD S J. The effects of riparian management and physicochemistry on macroinvertebrate feeding guilds and community structure in upland British streams[J]. Aquatic Conservation：Marine and Freshwater Ecosy stems，1992，2：309-324.

开敞空间的关系；④符合相关用地和环境标准；⑤具有健康、安定的社区品质[1]。滨水区凭借良好的景观资源，一直是居住用地布局的重要依托。但是，长期以来由于滨水区缺乏整体性安排，滨水居住用地大多紧贴水岸布置，没有预留滨水缓冲区空间，造成水域被填占、岸线被切割、滨水公共空间缺失等问题。因此，在确定城市滨水缓冲区范围时，需要综合考虑城市滨水用地建设现状，优先将非建设用地（如农林用地）、城市公共绿地、防护绿地等纳入滨水缓冲区，通过扩大滨水缓冲区范围，尽可能减少滨水用地对河湖水系环境的影响。

3. 汇水区域

汇水区域主要指地表径流或其他物质汇聚到一个共同的出水口的过程中所流经的地表区域，它是一个封闭的区域。出水口是指水流离开汇水区域的点，这一点是汇水区域边界上的最低点[2]。随着数字高程模型（Digital Elevation Model，简称 DEM）数据的日益普及，基于 DEM 数据，利用 GIS 空间分析模块，可以高效、准确地提取汇水区域的数据[3]，最终界定汇流方向和等级。相关研究显示，滨水缓冲区景观格局对水体生态系统有直接的影响，滨水缓冲区植被覆盖率的增加，较低的景观破碎化程度对水体恢复起到促进作用[4]。因此，在划定滨水缓冲区范围时，应尽可能与汇水区域相结合，从而减轻地表径流对河湖水系环境的污染。

依托现有相关研究成果，城市滨水缓冲区划定的依据大致包括：植被季相变化差异，固定宽度河岸带，局部地形地貌、数字高程模型（DEM），50 年一遇的洪水的水位线等[5]。上述方法存在一定局限性。①植被季相变化差异，受制于遥感影像的分辨率。如果分辨率不高，则很难得到有效的边界，

---

①　《城市用地分类与规划建设用地标准》。

②　朱庆，田一翔，张叶廷. 从规则格网 DEM 自动提取汇水区域及其子区域的方法[J]. 测绘学报，2005，34(2)：130.

③　FRANCESCA B. Catchment Delineation and Charicterisation [M]. [S. N.]：Space Applications Institute，2000.

④　周婷，彭少麟，任文韬. 东江河岸缓冲带景观格局变化对水体恢复的影响[J]. 生态学报，2009(1)：231.

⑤　张东旭，郭晋平. 河岸带边界界定中的关键问题[J]. 山西林业科技，2010，39(2)：29-32.

进而影响识别结果,考虑到高分辨率遥感影像图的可获取性较差,且对计算机的运行处理要求较高,效率较低。②固定宽度河岸带,虽然易操作,但不能真实反映现实地形地貌条件,显得"简单粗暴",缺乏对自然地形地貌环境的尊重。③50 年一遇的洪水的水位线,受制于相关记录,目前在我国大多只有区域干流有记载,而城市内河、湖泊未必有相关记录,其应用价值受到制约。

经分析比对,本研究决定运用 DEM 数据进行滨水缓冲区识别,即通过GIS 空间分析模块(Hydrology 和 ArcHydro)识别汇水区域,结合滨水用地建设现状调查(含地籍界线),绘制潜在缓冲区范围,再与城市总体规划(含水系、绿地等专项规划)、详细规划进行叠图分析比较,最终划定出可供利用的滨水缓冲区。

Hydrology 和 ArcHydro 分析模块的原理简要介绍如下。

(1)流向分析:以数值表示每个单元的流向。数字变化范围是 1~255。其中,1:东;2:东南;4 南;8:西南;16:西;32:西北;64:北;128:东北。除上述数值之外的其他值代表流向不确定,这是由 DEM 中"洼地"和"平地"现象所造成的。所谓"洼地",即某个单元的高程值小于任何与其相邻的单元的高程。这种现象是由于当河谷的宽度小于单元的宽度时,单元的高程值是其所覆盖地区的平均高程,较低的河谷高度拉低了该单元的高程。这种现象往往出现在流域的上游。"平地"指相邻的 8 个单元具有相同的高程,与测量精度、DEM 单元尺寸或该地区地形有关。这两种现象在 DEM 中相当普遍,Jenson 和 Domingue 在流向分析之前,将 DEM 进行填充;将"洼地"变成"平地",再通过一套复杂的迭代算法确定"平地"流向。

(2)汇流分析:汇流分析的主要目的是确定流路。在流向栅格图的基础上生成汇流栅格图。汇流栅格上每个单元的值代表上游汇流区内流入该单元的栅格点的总数,既汇入该单元的流入路径数(NIP)。NIP 较大者,可视为河谷;NIP 等于 0,则是较高的地方,可能为流域的分水岭。

(3)洼地计算:洼地区域是水流方向不合理的地方,可以通过水流方向来判断洼地的位置,然后再对洼地进行填充。在填充洼地之前,须计算洼地深度,判断哪些地区是由于数据误差造成的洼地,哪些地区又是真实的地表

形态,然后在填充洼地的过程中,设置合理的填充阈值。

　　为了更好地改善生态环境,提高人民群众生活质量,同时为将来城市再生与空间更新留足空间,本研究建议,依托绿线、蓝线、红线,将江、河、湖、库、渠和湿地等周边一定区域纳入城市滨水缓冲区管制范围,即使旧城建筑物密集,一时拆迁难度大,也要把滨水缓冲区先确定下来,以后条件具备时再进行建设。滨水缓冲区划定是一个系统的过程,贯穿于城市总体规划和详细规划的全过程(表5-2)。

表 5-2　城市滨水缓冲区划定方法

阶段	划定原则	划定方法
城市总体规划阶段	(1) 尊重地形地貌 (2) 以总体布局为指导 (3) 符合各专业规范	(1) 依托蓝线、绿线、红线确定缓冲区的布置、走向,尽量与水岸线走向一致 (2) 依托区域汇水区分析,预留汇水廊道空间 (3) 根据城市用地布局确定滨水缓冲区功能
城市详细规划阶段	(1) 结合用地建设现状 (2) 灵活性与强制性相统一 (3) 实施的可操作性	(1) 依托地籍图与地形图,明确滨水缓冲区的具体边界 (2) 在保证防洪安全的前提下,滨水缓冲区的形状可根据土地利用情况进行适当的调整 (3) 提出建设项目准入要求

(资料来源:作者整理)

　　在城市总体规划阶段,滨水缓冲区划定应以规划总图为依据,以水系规划、绿地系统规划、道路系统规划为基础。由于图纸比例尺(大中城市1∶10000～1∶25000,小城市 1∶5000～1∶10000)太小,在地图上划定滨水缓冲区既不现实,也无法明确缓冲区空间位置的控制边界。因此,本研究建议,在城市总体规划阶段,只对滨水缓冲区的形状、走向和规模做原则上的界定,再用文字对其大体位置和面积做详细说明,以后在详细阶段确定其具体准确位置,其位置较之总体规划可稍做调整。

在城市详细规划阶段,由于规划地形图一般没有地籍界线,为便于滨水缓冲区规划的顺利执行,有条件时最好将地籍图与地形图(比例尺1:500或1:1000)进行结合。为保证用地的完整性,滨水缓冲区应依托蓝线、红线、现状绿地控制线和规划绿地控制线[①],以自然地形地物、用地界线为界,定位可用坐标法、数据表示法及地形地物法,以便于后期操作实施。

二、城市滨水缓冲区范围确定

滨水缓冲区范围确定的主要目标是:通过划定滨水缓冲区,保护和优化河湖水系格局,改善河湖水系的生态服务功能,为城市滨水用地规划控制和空间引导明确生态保护框架。根据上文的划定方法,武汉城市滨水缓冲范围确定的过程如下。

(1)界定城市滨水区范围:为保证滨水区用地的完整性,首先识别河湖水系边界,然后以河湖水系周边主要道路的现状为基础,以城市总体规划的道路交通规划图为参照,将河湖水系及其周边的主要道路(快速路、主干道、次干道)、自然山体为边界围合而成的区域,划定为城市滨水区。

(2)进行汇水区分析:根据滨水区的地形地貌条件,结合遥感影像图和CAD地形图,通过GIS软件生成DEM数据,分析汇水区的汇流、流向及流量等级。

(3)通过叠图分析,划定出城市滨水缓冲区范围:依托滨水区汇水区分析,勾勒出汇流廊道,结合滨水用地权属、性质、城市总体规划(含水系、绿地等专项规划)和详细规划,在滨水用地与河湖水系之间识别出滨水缓冲区,为构建一个具备滞洪调蓄、污染物过滤和社会经济服务功能(如提供社区公园、绿道等滨水公共开放空间)的城市复合生态调节系统奠定基础。

依照上述方法,本研究对武汉城市滨水缓冲区(东湖、沙湖、南湖、墨水湖、野芷湖、龙阳湖)范围进行了划定,结果如图5-1所示,并以沙湖滨水缓冲

---

① 秦豫栋,赵红涛,聂明飞.城市绿线划定方法探讨[J].城市建设理论研究,2014(35).

图 5-1　武汉城市滨水缓冲区范围

(图片来源:作者绘制)

区为例,详细演绎了滨水缓冲区的划定过程。

步骤一:依托武汉城市总体规划(2010—2020 年)、武汉城市湖泊三线一路规划、武汉城市绿地系统专项规划、城市道路系统规划等上位规划,确定城市滨水区范围(图 5-1,深色虚线部分)。

步骤二:将城市 DEM 数据导入到 ArcGIS 平台中,运用 Hydrology 和 ArcHydro 分析模块进行汇水区分析,生成汇水流向及流量等级图(图5-2),在此基础上勾勒出汇水线和洼地区,以此作为滨水缓冲区的基本控制范围。

步骤三:对不同年份的城市蓝线、绿线和滨水用地进行叠图分析,识别出蓝线和绿线的变化区域,结合现状调查进一步判读变化区域的用地性质(图 5-3)。

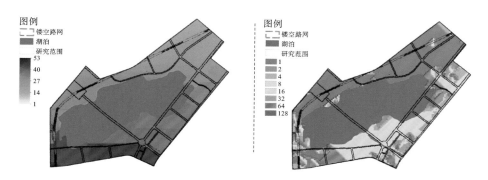

图 5-2　沙湖样本汇水区分析(S₁)

（图片来源：作者绘制）

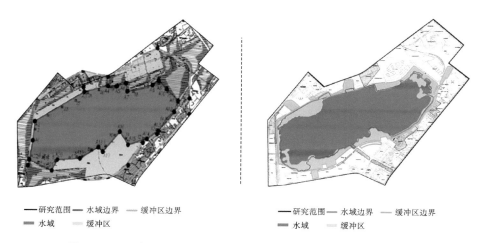

图 5-3　2005 年、2012 年沙湖样本蓝线、绿线与溪水用地的叠图(S₂)

（图片来源：作者绘制）

步骤四：将不同年份的城市蓝线、绿线进行叠加分析，识别出绿线、蓝线萎缩部分的范围（图 5-4）。

步骤五：将不同年份的城市蓝线、绿线与城市总体规划图、建设现状图进行叠图分析，总结城市蓝线、绿线划定过程中存在的问题，为城市滨水缓冲区的空间调控做准备（图 5-5）。

步骤六：综合上述步骤，结合现状调查，对滨水区范围内的用地权属界

117

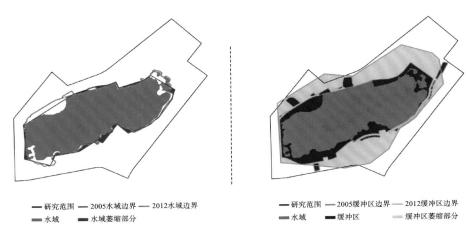

图例：
研究范围　2005水域边界　2012水域边界
水域　水域萎缩部分

研究范围　2005缓冲边界　2012缓冲边界
水域　缓冲区　缓冲区萎缩部分

图 5-4　2005 年、2012 年沙湖样本蓝线、绿线分类叠图（S₃）

（图片来源：作者绘制）

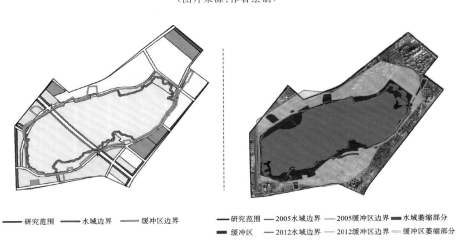

图例：
研究范围　水域边界　缓冲区边界

研究范围　2005水域边界　2005缓冲边界　水域萎缩部分
缓冲区　2012水域边界　2012缓冲边界　缓冲区萎缩部分

图 5-5　2005 年、2012 年沙湖样本蓝线、绿线规划与现状叠图（S₄）

（图片来源：作者绘制）

线、规划绿地界线、城市蓝线进行校核，以现有绿地界线、水域岸线（枯水期水位）为基础，划定滨水缓冲区刚性控制区，以规划绿地界线、丰水期水域岸线为基础，划定滨水缓冲区弹性控制区（图 5-6）。

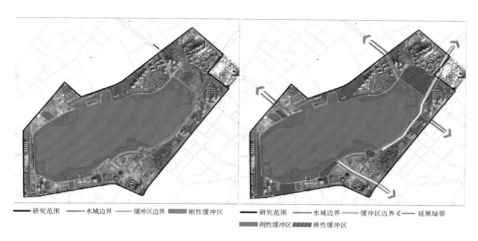

图 5-6　沙湖样本滨水缓冲区划定结果（S_5）

（图片来源：作者绘制）

第二节　城市滨水缓冲区评价

一、评价指标体系的构建

控制要素是指城市滨水缓冲区功能得以正常发挥需要考虑的对象。城市滨水缓冲区控制要素是促进二者耦合发展的基础，为此，控制要素选择的科学性、可行性、合理性和可操作性是其关键。

1. 缓冲区框架的层次划分

河湖水系按景观规划的尺度，可分为宏观尺度（流域范围）、中观尺度（城市段）、微观尺度（某一河流、湖泊等水体）等；城市规划按实施的层次性，也可分为宏观尺度的总体规划（区域规划、分区规划）、中观尺度的控制性详细规划，以及微观尺度的地段（宗地）修建性详细规划等。故面对城市河湖水系与滨水用地规划建设的剥离问题，城市滨水缓冲区的构成要素应分层次进行统一规划控制和引导。

城市滨水缓冲区控制,在宏观尺度上主要起到引领全局的作用,在对区域大背景进行分析研究的前提下,对城市河湖水系与滨水用地进行目标定位,确定宏观方向。规划重点是确定在大的自然山水格局下,明确城市河湖水系功能区划,明晰滨水用地的整体空间与景观格局,为分区域设计提供总体框架指引,保证城市河湖水系结构的整体性、协调性和特色性。

城市滨水缓冲区控制,在中观尺度上的任务一方面是结合河湖水系结构对滨水用地进行整体布局,明确缓冲区空间范围,落实滨水区功能设施系统的规划,并对滨水区空间组织进行指引;另一方面是保护和修复河湖水系结构,完善河湖水系岸线形态,结合滨水用地对河湖水系进行特色功能分区(分段)、公共空间组织和景观形象主题定位。

2. 缓冲区控制要素的选取与评价体系的构建

现有文献中对滨水空间评价的研究已有较多成果。然而总体来看,研究对象以生态环境、游憩功能、使用状况及滨水空间分类等为主,对城市滨水缓冲区方面的评价较少。

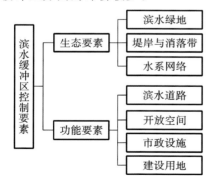

图 5-7　滨水缓冲区控制要素的分类及其主要组成部分

(图片来源:作者绘制)

笔者结合武汉城市滨水缓冲区现状进行调查,根据滨水缓冲区建设的实际情况,通过参照《城市水系规划规范》(GB 50513—2009)和《城市水系规划导则》(SL 431—2008)等有关标准并查阅相关文献资料,综合专家意见,从系统、应用和可操作性的角度,将滨水缓冲区控制要素分为生态要素和功能要素两大类(图 5-7)。其中,生态要素由滨水绿地、堤岸与消落带、水系网络等构成(准则层);功能要素由滨水道路、开放空间、市政设施、建设用地等构成(准则层)。

鉴于城市滨水缓冲区在基础条件方面的要求主要在于自然环境条件,故将其与生态功能归为一类。按照科学性、目标性、系统性、独立性、可操作性的原则,在每一类下选择主项即生态要素、功能要素,继而挑选相互匹配的 7 个一级指标和 27 个二级指标。生态要素中选择滨水绿地、堤岸与消落带、水系网络作为一级指标,反映滨水缓冲区的立地条件、自然环境;功能要素中选择滨水道路、开放空间、市政设施、建设用地四个一级指标,反映现阶段滨水缓冲区内活动的发展情况和配套设施情况及市民的使用情况,决定滨水缓冲区的发展方向。两个方面相结合,可以全面反映城市滨水缓冲区的发展现状和发展方向。

3. 缓冲区的集对分析模型

在城市滨水缓冲区的评价过程中,受社会经济发展水平、城市化发展阶段等因素影响,城市滨水缓冲区耦合发展程度具有不确定性,而作为评价缓冲区耦合发展程度的等级标准,也应该是不确定的。因此,本研究引入集对分析理论,其基本原理是首先对要研究的问题构建具有一定联系的两个集对,对集对中两集合的特性进行同一、差异、对立的系统分析,然后用联系度 μ 表达式刻画,再推广到多个集合组成的系统。集对分析的过程如下。

设评价对象 A＝{缓冲区评价指标},属性空间 B＝{缓冲区评价标准}。m 代表第 m 个一级子系统,q 代表第 m 个子系统下第 q 个二级子系统,k 代表第 q 个二级子系统下第 k 个三级子系统;I_m 代表缓冲区一级子系统评价指标,I_{mq} 代表缓冲区二级子系统评价指标,I_{mqk} 代表缓冲区三级子系统评价指标。设 I_{mqk} 实测值为 t_{mqk},缓冲区评价等级为 n 级,从而可以建立一级、二级、三级子系统及总指标的缓冲区评价的 n 元联系数,进而通过均分原则确定缓冲区的评价等级。具体计算如下:

(1)按照表 5-2 的公式计算缓冲区三级子系统 I_{mqk} 的综合评价 n 元联系数(三级指标的缓冲区等级),即:

$$\mu_{mqk} = r_{mqk_1} + r_{mqk_2} i_1 + r_{mqk_3} i_2 + r_{mqk_{n-1}} i_{n-2} + r_{mqk_n} j$$

式中,r_{mqk_1},r_{mqk_2},$\cdots$,r_{mqk_n} 代表缓冲区各级评价指标的相关系数;i_1,i_2,$\cdots$,i_{n-2} 代表指标与二级到 $(n-1)$ 级标准的不确定性差异度系数;j 为对立系数,即 n 级指标的系数。

表 5-2　三级指标 I_{mqk} 的综合评价 n 元联系数计算方法

n 元联系数	效益型指标体系
$1+0i_1+\cdots0i_{n-2}+0j$	$t_{mq}\geqslant a_{mq_1}$
$\dfrac{\mid t_{mq}-a_{mq_2}\mid}{\mid a_{mq_1}-a_{mq_2}\mid}+\dfrac{\mid t_{mq}-a_{mq_1}\mid}{\mid a_{mq_1}-a_{mq_2}\mid}i_1+0i_2+\cdots+0j$	$a_{mq_1}\geqslant t_{mq}\geqslant a_{mq_2}$
$0+\cdots+0i_{n-3}+\dfrac{\mid t_{mq}-a_{mq_n}\mid}{\mid a_{mq_{n-1}}-a_{mq_n}\mid}i_{n-2}+\dfrac{\mid t_{mq}-a_{mq_{n-1}}\mid}{\mid a_{mq_{n-1}}-a_{mq_n}\mid}j$	$a_{mq(n-1)}\geqslant t_{mq}\geqslant a_{mq_n}$
$0+0i_1+\cdots0i_{n-2}+1j$	$t_{mq}\leqslant a_{mq_n}$

（2）用下式计算缓冲区的二级子系统 I_{mq} 的 n 元联系数（二级指标的缓冲区等级）：

$$\mu_{mq}=r_{mq_1}+r_{mq_2}i_1+r_{mq_3}i_2+r_{mq_{n-1}}i_{n-2}+r_{mq_n}j$$

$$r_{mql}=\sum w_{mqk}r_{mqkl}\quad(1\leqslant l\leqslant n)$$

式中，w_{mqk} 是三级指标 I_{mqk} 的权重，r_{mqkl} 是三级指标相对于 l 级的联系度分量。

（3）同理，按照二级指标的联系度分量与权重推出一级指标的 n 元联系数（一级指标的缓冲区等级）：

$$\mu_m=r_{m_1}+r_{m_2}i_1+r_{m_3}i_2+r_{m_{n-1}}i_{n-2}+r_{m_n}j$$

$$r_{ml}=\sum_{m=1}^{5}w_{mq}r_{mql}\quad(1\leqslant l\leqslant n)$$

式中，$r_{ml}\in[0,1]$ 且 $\sum_{i=1}^{n}r_{ml}=1$。

（4）计算缓冲区总指标的综合评价 n 元联系数，如下式：

$$\mu=r_1+r_2i_1+r_3i_2+r_{n-1}i_{n-2}+r_nj$$

$$r_l=\sum_{m=1}^{5}w_mr_{ml}\quad(1\leqslant l\leqslant n)$$

（5）计算 n 元联系主值数，根据均分原则，将 $[-1,1]$ 区间进行 $(n-1)$ 等分，按 $i_{(n-2)},i_{(n-1)},\cdots,i_2,i_1$，从左至右依次取 $(n-1)$ 个分点值，$j=-1$ 时所得到的 n 元联系数的值即为 n 元联系数主值数。

（6）确定缓冲区的评价等级，将[−1,1]区间 n 等分，则从右至左每个区间依次分别对应 1 级、2 级、3 级、…，共 n 个评价等级，将得到的联系主值数与评价等级进行对比，联系主值数越大，则缓冲区性能越好。

这种评价方法客观合理，评价结果适用性强，已在城市相关复杂系统评价研究中得到有效运用[1]。将缓冲区指标和既定的缓冲区评价等级作为缓冲区问题构建的两个集对，对两种集对中的特性进行同一、差异及对立的系统性分析，将多个指标系统表示成一个能从总体上衡量缓冲区的耦合程度的 n 元联系数，从而定量计算出城市滨水缓冲区的耦合程度（图 5-8）。

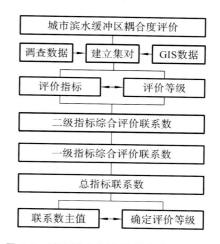

图 5-8　城市滨水缓冲区耦合度评价模型

（图片来源：作者绘制）

本研究将城市滨水缓冲区耦合发展的内涵界定在一种较理想的人工系统状态，即河湖水系在满足其正常的物质和能量循环基础上，能结合滨水用地布局提供尽可能多的社会经济服务；滨水用地开发在满足其城市功能布局和空间发展的需要时，能最大程度保护和修复河湖水系，发挥其正常的各项功能和效益。

结合确立的滨水缓冲区控制要素，本研究在准则层基础上，进一步明确了指标层，形成 2 大目标层、7 个子系统和 27 个属性指标。综合专家打分，将各因子划为"优""良""中""差"四个级别，并参照典型城市建设现状及规划的对标数据，作了相应赋值，具体内容如表 5-3 所示，皆为效益型指标，即在合理范围内实测值越大，评价等级越高。

① 李斌，解建仓，胡彦华，等.基于集对分析法的渭河中下游径流变化特征研究[J].水资源与水工程学报，2016,27(1):20-25;靳梦，窦明.城市化对水系连通功能影响评价研究——以郑州市为例[J].中国农村水利水电，2013(12):41-45.

表 5-3　滨水缓冲区指标体系

目标层	准则层	指标层	优	良	中	差
生态要素	滨水绿地	滨水绿色廊道宽度和连续性控制	80	70	60	50
		滨水绿色廊道与城市的互动性	85	75	65	55
		绿地与雨洪管理的有机结合度	85	75	65	55
	堤岸与消落带	自然岸线保有率/(%)	85	75	65	55
		植被群落多样性指数	0.8	0.7	0.6	0.5
		保留现有湿地	80	70	60	50
		防洪工程等级	*	*	*	*
	水系网络	河湖水系防洪调蓄能力	75	60	45	30
		水体更新周期	*	*	*	*
		河湖水质等级	75	60	45	30
		水体纳污能力	*	*	*	*
功能要素	滨水道路	路网格局与街区肌理的合理性	80	70	60	50
		突出临水道路生活性	80	70	60	50
		岸线纵向可达性	90	75	60	45
		岸线横向连续性	90	75	60	45
	开放空间	开放空间网络化	90	75	60	45
		反映地域文化特色	*	*	*	*
		空间多层次性	90	75	60	45
		与滨水用地功能的有机结合	90	75	60	45
	市政设施	雨污分流与污水截流	80	60	40	20
		人工湿地净化系统建设	80	60	40	20
		滞洪区工程建设	*	*	*	*
		滨水驳岸的生态化处理	80	70	60	50
	建设用地	岸线功能的多样性	80	70	60	50
		生态预留用地	80	60	40	20
		创造公共场所	80	70	60	50
		地块间的有机联系和延展性	80	70	60	50

注：＊代表无相关数据。

（资料来源：作者绘制）

综合专家的意见及笔者调查的客观实际情况,从城市河湖水与滨水用地的耦合度角度,用比较法给出了滨水绿地、堤岸与消落带、水系网络、滨水道路、开放空间、市政设施、建设用地的重要程度(表 5-4)。结合一致性检验,可得出权重矩阵的最大特征值为 7.7850,其中 CR＝0.0988,表明权重的给定符合一致性原则。通过一致性检验,最终确定 7 个一级指标的权重向量分别为 0.0709,0.0738,0.0993,0.1188,0.2151,0.1388,0.2833,二级指标按照等权原则设置相应权重。

表 5-4　滨水缓冲区一级指标

指标	绿地	堤岸与消落带	水系连通状况	道路	公共开放空间	市政设施	建设用地
滨水绿地	1	1	3	2	4	1.5	2
堤岸与消落带	1	1	2	1.5	2	3	2
水系网络	1/3	1/2	1	2	4	2	3
滨水道路	1/2	2/3	1/2	1	4	1	2
开放空间	1/4	1/2	1/4	1/4	1	1	4
市政设施	2/3	1/3	1/2	1	1	1	3
建设用地	1/2	1/2	1/3	1/2	1/4	1/3	1

(资料来源:作者绘制)

二、集对分析及评价结果

　　根据构建的滨水缓冲区评价体系,首先通过《武汉市统计年鉴(2014年)》《武汉市水资源综合规划报告(2012—2030 年)》、《武汉城市"三线一路"保护规划(2012—2020 年)》、《武汉市水资源公报(2012 年)》等文献整理出武汉城市滨水缓冲区不同历史时期的河湖水系、用水排水、水质生态等方面的数据,然后结合田野调查的实际数据,分类整理了各类滨水缓冲区控制要素(生态要素和功能要素),形成 2 大目标层、7 个子系统和 27 个属性指标。综合专家打分,对东湖、沙湖、南湖、墨水湖、野芷湖、龙阳湖的滨水缓冲区状况赋值,如表 5-5 所示。

表 5-5　武汉城市滨水缓冲区指标赋值

对象	东湖	沙湖	南湖	墨水湖	野芷湖	龙阳湖
滨水绿色廊道宽度和连续性控制	70	82	68	62	53	42
滨水绿色廊道与城市的互动性	68	84	75	72	57	48
绿地与雨洪管理的有机结合度	85	75	70	78	68	80
自然岸线保有率/(%)	86	65	67	85	72	78
植被群落多样性指数	0.74	0.38	0.45	0.67	0.62	0.61
保留现有湿地	72	62	52	60	66	67
防洪工程等级	＊	＊	＊	＊	＊	＊
河湖水系防洪调蓄能力	60	54	56	56	52	68
水体更新周期	＊	＊	＊	＊	＊	＊
河湖水质等级	36	28	25	45	42	50
水体纳污能力	＊	＊	＊	＊	＊	＊
路网格局与街区肌理的合理性	54	72	62	46	55	42
突出临水道路生活性	62	70	64	56	44	42
岸线纵向可达性	59	72	70	73	64	44
岸线横向连续性	67	76	64	58	52	42
开放空间网络化	74	72	52	54	42	40
反映地域文化特色	＊	＊	＊	＊	＊	＊
空间多层次性	65	75	72	60	52	40
与滨水用地功能的有机结合	70	76	68	64	58	40
雨污分流与污水截流	52	54	30	34	42	22
人工湿地净化系统建设	54	50	15	40	44	15
滞洪区工程建设	＊	＊	＊	＊	＊	＊
滨水驳岸的生态化处理	66	65	35	50	56	45
岸线功能的多样性	69	75	66	60	45	42
生态预留用地	86	68	64	64	75	71
创造公共场所	78	72	60	65	45	31
地块间的有机联系和延展性	42	68	56	58	44	38

注：＊代表无相关数据。

（资料来源：作者自绘）

对各湖泊评价指标的样本数据进行一致无量纲处理后，本研究从三个层次，利用集对分析原理对各湖泊滨水缓冲区发展状况进行了不确定性分析，并最终得出不同层次的滨水缓冲区耦合度评价指标，计算结果如表 5-6 至表 5-9 所示。

表 5-6 缓冲区综合评价五元联系数

对象	综合评价五元联系数				
	r_1	r_2	r_3	r_4	r_5
东湖	0.33	0.43	0.23	0.00	0.00
	0.53	0.47	0.00	0.00	0.00
	0.00	0.50	0.00	0.00	0.50
	0.00	0.17	0.67	0.17	0.00
	0.11	0.53	0.36	0.00	0.00
	0.00	0.43	0.43	0.13	0.00
	0.45	0.05	0.23	0.03	0.25
沙湖	0.63	0.37	0.00	0.00	0.00
	0.00	0.07	0.60	0.00	0.33
	0.00	0.30	0.20	0.00	0.50
	0.22	0.73	0.05	0.00	0.00
	0.02	0.91	0.07	0.00	0.00
	0.00	0.40	0.43	0.17	0.00
	0.18	0.33	0.40	0.10	0.00
南湖	0.00	0.77	0.23	0.00	0.00
	0.00	0.07	0.33	0.27	0.33
	0.00	0.37	0.13	0.00	0.50
	0.00	0.38	0.62	0.00	0.00
	0.00	0.44	0.38	0.18	0.00
	0.00	0.00	0.17	0.17	0.67
	0.00	0.20	0.30	0.50	0.00

续表

对象	综合评价五元联系数				
	r_1	r_2	r_3	r_4	r_5
墨水湖	0.17	0.56	0.22	0.06	0.00
	0.33	0.23	0.43	0.00	0.00
	0.00	0.37	0.63	0.00	0.00
	0.00	0.22	0.40	0.13	0.25
	0.16	0.39	0.36	0.09	0.00
	0.00	0.17	0.73	0.10	0.00
	0.00	0.23	0.50	0.28	0.00
野芷湖	0.00	0.10	0.40	0.50	0.00
	0.00	0.50	0.50	0.00	0.00
	0.00	0.23	0.67	0.10	0.00
	0.00	0.07	0.43	0.26	0.25
	0.00	0.00	0.44	0.22	0.33
	0.00	0.10	0.77	0.13	0.00
	0.13	0.13	0.00	0.00	0.75
龙阳湖	0.17	0.17	0.00	0.00	0.67
	0.18	0.42	0.40	0.00	0.00
	0.27	0.40	0.33	0.00	0.00
	0.00	0.00	0.00	0.00	1.00
	0.00	0.09	0.24	0.00	0.67
	0.00	0.00	0.00	0.00	1.00
	0.03	0.23	0.00	0.00	0.75

（资料来源：作者绘制）

表 5-7　缓冲区总指标五元联系数

对象	总指标五元联系数				
	r_1	r_2	r_3	r_4	r_5
东湖	0.21	0.32	0.30	0.05	0.12
沙湖	0.13	0.49	0.26	0.05	0.07
南湖	0.00	0.29	0.32	0.22	0.17
墨水湖	0.07	0.29	0.48	0.13	0.03
野芷湖	0.04	0.12	0.38	0.14	0.31
龙阳湖	0.06	0.17	0.12	0.00	0.66

（资料来源：作者绘制）

表 5-8　一级指标的综合评价五元联系数

对象	东湖	沙湖	南湖	墨水湖	野芷湖	龙阳湖
滨水绿地	0.55	0.82	0.38	0.42	−0.20	−0.42
堤岸与消落带	0.77	−0.30	−0.43	0.45	0.25	0.39
水系网络	−0.25	−0.35	−0.32	0.18	0.07	0.47
滨水道路	0.00	0.58	0.19	−0.21	−0.35	−1.00
开放空间	0.38	0.48	0.13	0.31	−0.44	−0.62
市政设施	0.15	0.12	−0.75	0.03	−0.02	−1.00
建设用地	0.21	0.29	−0.15	−0.03	−0.56	−0.61

（资料来源：作者绘制）

表 5-9　一级指标的总联系主值数及对应的缓冲区耦合度的等级

对象	东湖	沙湖	南湖	墨水湖	野芷湖	龙阳湖
主值数	0.27	0.23	−0.13	0.12	−0.29	−0.52
等级	良	良	中	良	中	差

（资料来源：作者绘制）

　　根据均分原则,将[−1,1]这个区间均分为 4 个部分,(0.5,1],(0,0.5],(−0.5,0],[−1,−0.5]分别对应缓冲区耦合状况"优""良""中""差"4 个级别;令 $i_1=0.5$,$i_2=0$,$i_3=−0.5$,$j=−0.1$,得到缓冲区综合评价五元联系数见表 5-6,缓冲区总指标五元联系数见表 5-7,一级指标的综合评价五元联系数见表 5-8,一级指标的总联系主值数及对应的缓冲区耦合度的等级见表 5-9。根据表 5-9 可知:东湖、沙湖、墨水湖的总指标等级为"良",南湖、野芷湖的总指标等级为"中",龙阳湖的总指标等级为"差"。结合现状调查可以得出,基于集对分析理论对武汉典型城市滨水缓冲区的综合评价模型的计算结果和实际情况基本相符,说明该方法是切实可行的。

　　综合六个湖泊缓冲区指标分析结果,可以看出六个湖泊在河湖水质等级方面表现均较差,分值较低,可见河湖水质问题已经成为城市滨水缓冲区生态建设的一个至关重要的核心问题;而在预留生态用地方面表现均较好,说明城市滨水空间建设对整个城市生态环境的建设发挥着重要的作用。

　　首先,针对生态要素结果分析可以看出,东湖滨水缓冲区在所有指标方面表现均较好,突出优势表现为绿地与雨洪管理的有机结合度、自然岸线保有率方面,而在滨水绿色廊道与城市的互动性方面分值较低,后续建设有待加强。沙湖滨水缓冲区的生态要素突出优势表现为滨水绿色廊道宽度和连续性控制方面,而在自然岸线保有率、植被群落多样性指数、保留现有湿地程度和河湖水系防洪调蓄能力方面表现一般,其中植被群落多样性指数方面表现较差。墨水湖滨水缓冲区的生态要素优势突出表现为绿地与雨洪管理的有机结合度、自然岸线保有率方面,其他指标方面表现良好。南湖滨水缓冲区优势不突出,只在滨水绿色廊道与城市的互动性方面表现良好,在植被群落多样性指数方面表现较差。野芷湖滨水缓冲区的生态要素表现均一般。龙阳湖滨水缓冲区在滨水绿色廊道宽度和连续性控制、滨水绿色廊道与城市的互动性方面表现较差,而在绿地与雨洪管理的有机结合度、自然岸线保有率、河湖水系防洪调蓄能力表现良好。

　　其次,针对功能要素结果分析可以看出,东湖滨水缓冲区的功能要素优势在生态留地方面表现尤为突出,其余指标方面表现均一般。沙湖滨水缓冲区的功能要素在路网格局与街区肌理的合理性、突出临水道路生活性、岸线横向连续性、空间多层次性、与滨水用地功能的有机结合、岸线功能的多样性、为预留生态用地方面表现良好。墨水湖滨水缓冲区在路网格局与街区肌理的合理性方面表现较差，其余指标表现一般。南湖滨水缓冲区在人工湿地净化系统建设、滨水驳岸的生态化处理方面表现较差，其余指标表现一般。野芷湖滨水缓冲区在突出临水道路生活性、开放空间网络化、岸线功能的多样性方面表现较差，其余指标表现一般。龙阳湖滨水缓冲区功能要素除了雨污分流与污水截流、预留生态用地方面表现较好外，其余指标表现均较差。

综上可以看出，距离城市中心较远的东湖、墨水湖滨水缓冲区的综合价值在生态要素方面表现突出，功能要素方面有所局限。因此，随着城市居民对城市近郊户外空间的功能需求，需加强城市滨水空间滨水道路建设，突出临水道路生活体验，强化滨水岸线的可达性及连续性，实现滨水开放空间的网络化、多层次化建设，与滨水用地功能有机结合，另外加强市政设施建设，注重雨污分流、人工湿地净化及驳岸的生态化处理，达到滨水空间的功能要素的多样性建设。沙湖位于城市中心区域，生态要素与功能要素均表现突出，可见中心城区城市滨水缓冲区建设的重要性，但由于人为干扰及城市化进程，植被群落多样性指数及水质等方面有待加强，现有湖泊湿地岸线的保护尤其注重。南湖、野芷湖距离城市中心较远，周边区域处于逐步开发、建设阶段，因此尤其需要加强建设过程中滨水缓冲区的生态保护、功能利用，强化植被群落多样性指数建设，严格保护现有湿地，并突出防洪调蓄能力建设，保护岸线的连续性，同时注重湖泊临水道路的生活性基础设施及空间建设，进一步规范滨水缓冲区管理标准体系。龙阳湖周边城市扩张干扰最小，但其植被多样性指数、保留现有湿地等方面指数均较低，因此需进一步加强生态环境的保护工作，同时随着城市化扩张，应考虑生态要素和功能要素并重。

第三节　城市滨水缓冲区问题调查

一、采样地点选择

通过现状调查发现，长江、汉江沿岸防洪堤建设已成体系，随着江滩绿化建设,武汉城市滨江缓冲区边界相对较为清晰(通常以防洪堤为界),且滨江用地开发侵占水域的情形较少;城市滨水用地矛盾主要集中在滨湖地区。因此,为使研究问题聚焦,本次将研究重点放在滨湖缓冲区上,滨江、滨河地区仅在问卷调查时作为数据采集地(图 5-9)。为与前文对应,笔者采取全面调查与重点调查相结合的方式,在对比各滨水区用地开发状况的基础上,重点选择东湖、沙湖、南湖、墨水湖等 6 个湖为滨湖缓冲区采样点;根据滨水用地的主导功能,对各滨水缓冲区岸线进行分段处理,生成研究所需的基础图(图 5-10)。

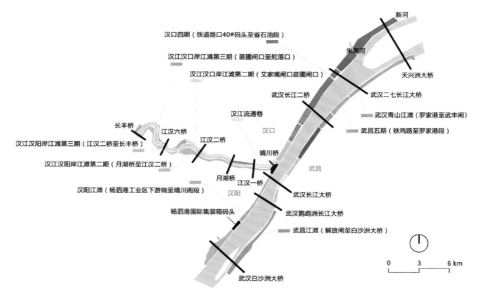

图 5-9　武汉滨江缓冲区问卷调查区域

(图片来源:作者绘制)

二、问卷调查分析

本研究共设计了两套问卷,其中,普通居民和"爱我百湖"网民使用 A 调查问卷,共 13 个题(选择题 12 个,问答题 1 个);城市规划行政管理部门和科研设计单位使用 B 调查问卷,共 11 个题(选择题 6 个,问答题 5 个)。

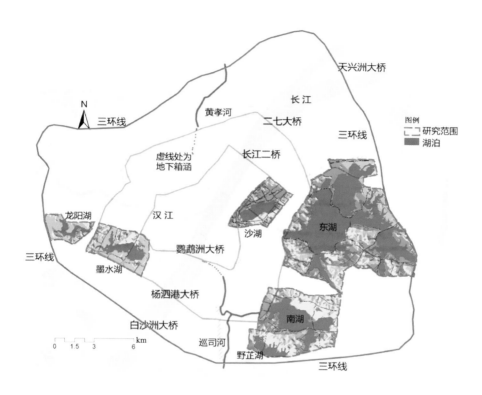

图 5-10 武汉城市滨水缓冲区采样点

（图片来源：作者绘制）

1．A 调查问卷

A 问卷共发放 2200 份，收回有效问卷 1977 份，问卷回收率 89.9%。统计结果如图 5-11 所示。

第一题的调查结果显示：大约 56% 的人一个月内到达滨水区的次数超过了 5 次，侧面反映了滨水区的使用率相对较高。第二题的调查结果显示：43% 的人为附近的居民或单位职员到滨水区游玩；12% 的人是游客专程来滨水区游玩的；15% 的人是与朋友一起游玩的；10% 的人是长辈为照看小孩，出来散心；11% 的人是在附近购物或从事其他活动时顺路过来；9% 的人基于其他目的到滨水区游玩。第三题的调查结果显示：41% 为步行，19% 为自行车,18%为公交车,8%为出租车,9%为自驾,5%为其他方式。第四题的调查结果显示:40%在0.5 km以内,31%在0.5~1 km,19%在1~5 km,还有10%的人距离较远,在5 km以上。第五题的调查结果显示:43%在10分钟以下,36%在10~30分钟内,14%在30分钟至1小时内到达,只有7%超过1小时。综合第二题到第五题的调查结果,不难看出,当前滨水区的服务对象主要是附近居民。第六题主要对当前河湖及其周边土地利用现状的满意度调查,结果显示:28%的人对当前的状态表示比较满意,47%的人感觉一般,25%的人对现状表示不满。第七题主要对河湖环境外部影响效应进行调查,结果显示:28%的人认为对自己有比较大的影响,46%的人认为有一定影响,26%的人认为没什么影响。在回答有影响的人群中,在进一步回答具体有哪些影响时,主要集中在水污染问题上,尤其在夏天河湖水体臭味难耐、蚊虫较多;在冬天河湖周边雾霾严重,严重影响日常工作和生活。第八题主要对河湖及其周边环境亟须解决的问题征询意见,结果显示:38%的人选择水质污染,18%的人认为是滨水道路的建设,26%的人认为应该增加配套设施服务的建设,14%的人认为应该加紧编制河湖水系及其周边环境整体性规划,另外有4%的人提出了其他相关建议,如河湖管理机制应该早日理顺。第九题是第八题的延续,主要对约束河湖水环境整治的相关要素进行分析,调查结果显示:38%的人认为是管理部门的职责不清、监管不到位、执法力量薄弱;33%的人认为是缺少有效的规划指导;19%的人认为是缺少资金;另外有10%的人认为现在河湖水环境整治是治标不治本,搞的是形象工程。第十题主要是为了了解市民对河湖水系保护相关规划的认知度,调查结果显示:有15%的人已知道,且表示非常关心;31%的人听说过,但内容不太清楚;54%的人表示还不知道这方面消息。第十一题主要对河湖保护的公众参与状况进行摸底,调查结果显示:38%的受访者乐于参加这样的活动,47%的人表示不想参加,15%的人表示政府给予一定补贴才参加。不想参加的受访者普遍认为,此举纯属政府的作秀行为,没有实质意义。第十二题主要了解市民对滨水区建设的看法,调查结果显示:37%的受访者认为是可行的,40%的受访者表示很难说可行与否,23%的人认为是不可行的。以上问题,从侧面反映了部分市民对政府推行的湖泊保护工作仍持质疑态度,对滨水区建设缺乏信心。第十三题主要了解市民对武汉河湖环境整治的意见和建议,调查结果主要集中在两个方面:①建议相关部门加强大湖泊监管力度,禁止填湖造地行为;②建议相关部门标本兼治,推进水污染控制和治理工作。不难看出,在市民眼里,河湖环境问题主要出在管理环节上。

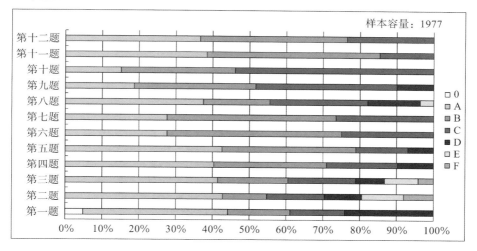

图 5-11　A 调查问卷统计一览

(图片来源:作者绘制)

2. B 调查问卷

B 问卷共发放 550 份,收回有效问卷 461 份,问卷回收率 83.8%。其中选择题部分共有 6 个题目,根据统计结果(图 5-12),不难看出与 A 调查问卷结果具有一定的相似性。需要说明的是,从第六题的调查结果看到,大多数受访者对目前现状表示不满意。不难推断,规划行政管理部门与科研设计单位人员的专业知识能力直接影响其认知判断。

问答题部分共有 5 个题目,主要是将 A 调查问卷的部分客观题转化为开放性题目,内容与 A 调查问卷一脉相承。这样设置的目的是获取专业人士对湖泊保护相关议题的看法,以此弥补原有问卷设计可能不周全的一些问题。

第七题谈及的主要问题包括:水环境污染;可达性差;亲水性差;公园配套设施不足;公园利用率不高;房地产开发,特别是高档楼盘对湖泊岸线挤

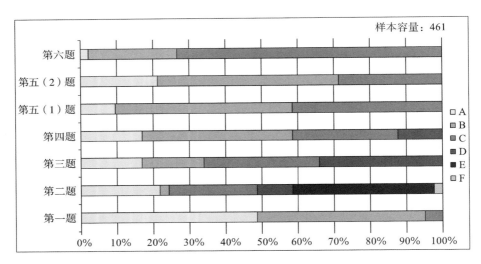

图 5-12　B 调查问卷统计一览

（图片来源：作者绘制）

压严重；平民百姓离得太远；有失社会公平等方面。第八题的调查结果显示，最大的困难涉及：资金问题；有法不依、政府监管力度、常态管理不到位；政策不连续；"三线"划定过于死板等。第九题的调查结果显示，少数受访者表示理解与支持，但大多数受访者持质疑态度，观点有：想法好，实施难度较大；没有必要成立湖泊局，已有水务局湖泊处，不是级别高就有效；避免形式主义等。第十题试图了解受访者对武汉湖泊保护与利用的意见和建议，涉及内容有：水环境治理的基础设施要跟上；科学规划，做好湖泊功能定位；确保规划的科学性和严肃性，减少行政干预，应尽量减少领导乱拍板现象；湖泊保护应有详细的建设计划，避免朝令夕改，"头脑发热型"随意性建设；湖泊周边用地开发应与滨水区建设一体化考虑，避免相互剥离等。第十一题主要是为了了解受访者关于涉水项目的态度，提及内容有：水体保护放在首位，贯彻可持续发展战略；注意亲水设计，为公众提供多样化的日常活动空间；开发适度，预留足够的生态用地；保证水域空间开敞性，避免建筑围湖；市政设施配套先行；保留原始水岸线的形状，形成湾、滩等多样化的空间形态，避免裁弯取直，弄巧成拙；虚心学习国内外优秀案例，兼容并蓄，为我国所用；避免千湖一面，应因地制宜，塑造不同的湖泊空间特色。通过上述调查不难看出，城市规划行政管理部门和科研设计单位已逐渐意识到当前湖泊保护及公园建设过程中存在的问题，并在积极地寻求途径予以解决。

根据问卷调查数据显示（图 5-13），公众对武汉城市滨水缓冲区建设的总体满意度为：非常满意的占 15.60%，满意的占 18.30%，一般的占 24.40%，不满意的占 38.20%，很不满意的占 3.50%。

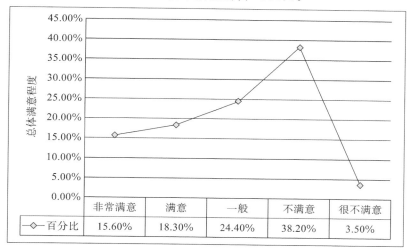

	非常满意	满意	一般	不满意	很不满意
◇百分比	15.60%	18.30%	24.40%	38.20%	3.50%

图 5-13　公众对滨水缓冲区建设的总体满意度

（图片来源：作者绘制）

造成公众不满意的因素很多，经分析整理，主要因素有以下三个方面。

（1）市政公用设施建设滞后，水污染问题还未得到根本性改善。

（2）部分水岸线被周边用地填占、切割、挤压、包裹较严重，水域与滨水建设用地缺乏必要的过渡区域。

（3）滨水区道路尚不成体系，与城市腹地缺乏有效衔接，造成滨水公共开放空间的可达性较差。

三、空间特征解析

1. 使用功能分析

利用 Arcgis 10.0 空间分析工具可得，2013 年东湖、沙湖、南湖、墨水湖、野芷湖、龙阳湖的岸线长度分别为 116206 m、8280.51 m、23105.4 m、

16304 m、14961.8 m、9971.62 m。结合测度数据分析可知,各湖泊岸线用地功能分布格局从总体上看具有一定差异性(图 5-14、图 5-15),东湖、墨水湖、野芷湖、龙阳湖岸线的非建设用地比例较高,说明其自然度相对较好。用地开发程度较高的是沙湖、南湖。滨水缓冲区岸线用地类型统计显示,沙湖的商业服务设施用地比例最高,占其总岸线的 12.2%,这说明该地区的配套设施相对较完善;墨水湖、野芷湖、龙阳湖尚缺乏公共管理与公共服务设施和商业服务设施用地岸线,说明配套设施还不够完善。

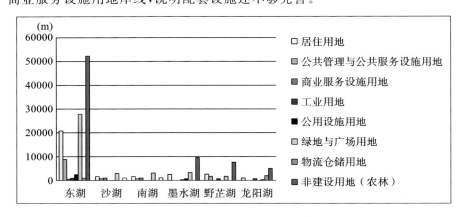

图 5-14 滨水缓冲区岸线用地类型

(图片来源:作者绘制)

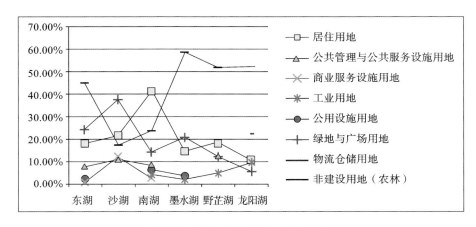

图 5-15 滨水缓冲区岸线用地占比

(图片来源:作者绘制)

从各功能用地与水岸的平均距离看(表 5-10),除农林用地直接与水相接外,与水岸较近的为绿地与广场用地,说明随着市民对亲水空间的需求加大,结合水岸进行绿地与广场建设逐渐成为新常态。总体上,东湖、沙湖、南湖的绿地与广场建设相对较好,但野芷湖、龙阳湖等区域还有待加强;此外,公共管理与公共服务设施用地、商业服务设施用地的亲水空间建设都较为滞后,滨水景观价值还未真正体现出来。工业用地由于防护绿地的隔离,与水岸的关系较为疏离,滨水景观的层次相对较单一。

表 5-10　缓冲区用地与水岸的平均距离　　　　　　　　单位:m

用地类型	东湖	沙湖	南湖	墨水湖	野芷湖	龙阳湖
居住用地	25.9	19.2	20.8	22.1	15.7	20.4
公共管理与公共服务设施用地	40.7	35.4	12	—	—	—
商业服务设施用地	37.5	16.7	45	—	—	—
工业用地	46.2	—	—	38.6	22.2	29.8
公用设施用地	21.8	—	18.3	14.9	—	—
绿地与广场用地	3.2	4.8	6.2	12.5	—	—
物流仓储用地	24.4	—	—	—	18.4	20.7

(图片来源:作者绘制)

2. 岸线开放程度分析

数据显示,自然岸线保持较好的为墨水湖、野芷湖、龙阳湖,分别占比58.9%、52.4%、52.6%,从侧面说明这些区域滨水用地开发程度不高(图5-16、图 5-17);总体来看,东湖、沙湖的岸线开放程度相对较高,野芷湖、龙阳湖的岸线开放程度相对较差。结合现状调查分析得知,东湖、沙湖得益于东沙连通工程,这在客观加快了滨水公共开放空间的发展,尤其是滨湖绿道的建成,连接了楚河汉街、万达电影乐园、放鹰台、东湖磨山、梨园、省博物馆等,使得该区域岸线开放程度相对较高;野芷湖受保利心语、芷岸龙庭等住宅小区,华中农业大学、铁路运输学校等公共服务设施用地及混凝土搅拌厂、汽车产业园等工业用地的切割,该区域岸线开放程度较低。这表明滨水公共开放空间的建设对岸线开放程度具有重要的促进作用。

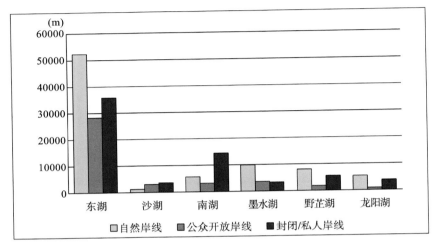

图 5-16 滨水缓冲区岸线类型统计

（图片来源：作者绘制）

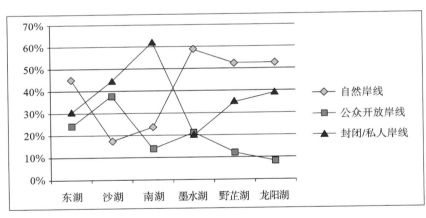

图 5-17 滨水缓冲区岸线类型占比

（图片来源：作者绘制）

第四节 城市滨水缓冲区的影响因素分析

影响城市河湖水系与滨水用地缓冲区变化的因素错综复杂，从已有的研究来看，自然环境、人口增长、经济发展、社会文化、技术进步、政策因素等都被认为是城市用地扩张的主要动力。但是,各种因素作用的方式和影响程度也各不相同。自然环境作为城市发展的物质基础,直接影响了城市选址与扩展方向、城市空间特色、空间环境质量等,对城市建设用地变化具有一定主导作用。例如,北京、西安、成都等平原城市,由于地势平坦开阔,建设用地条件良好,城市多按同心圆的方式向各个方向均衡发展;而武汉受地形条件限制,被长江、汉江分割为三镇,形成沿江带状、组团式发展格局。而在城市化进程中,自然环境要素相对稳定,人口增长、经济发展、社会文化、技术进步、政策等人文社会因素对城市建设用地变化往往起着决定性作用。本研究在相关研究基础上,结合现状调查以及典型城市滨水缓冲区建设状况的集对分析结果,将城市滨水缓冲区变化的影响机制归纳为五个方面,分别是:地方政策、规划设计、规划衔接、规划建设和实施机制(图5-18)。

一、地方政策

一个城市从产生到发展,每个过程无不与地方政策有关。地方政策是城市为实现一定历史时期的目标而制定的行动准则,关乎城市河湖水系与滨水用地缓冲区建设投资方案、城建政策、经济政策、城市规划等的制定与执行,直接影响滨水缓冲区的发展方向。

通过总结欧美城市滨水区再开发实践不难发现,几乎每个城市的滨水用地开发都采用公私合作的方式进行,当地政府在其中扮演着非常重要的角色。由于欧美国家施行的是土地私有制和全民选举制,城市政府为赢得选举,表现出政绩,往往通过承担风险、营销、融资等方式,先购入滨水地区土地,建造基础设施,进行前期开发准备,然后将地卖给开发商,由私人资本进行建设。在这一合作关系下,如何平衡政府、再开发机构、投资机构和市民利益成为一个重要课题。这种平衡往往成为公私合作开发模式的难点。地方政府为吸引投资,通常会根据私人机构的需要调整规划,但也会因为需要市民的支持,而使滨水用地开发兼顾市民对公共利益的诉求。因而公私合作不是为了个人利益,而是代表领导群体的公共利益。

国内许多滨水城市经济快速发展,市场需求大,且滨水区没有明显衰退,反而因为地方政策的影响,滨水用地开发呈现多种可能性。为了在竞争

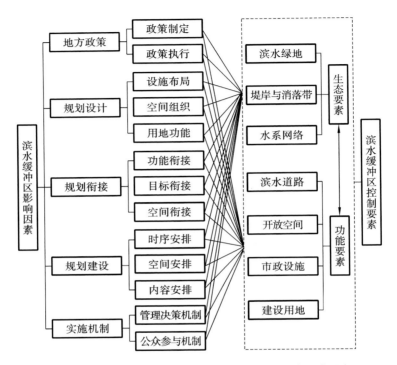

图 5-18 城市河湖水系与滨水用地缓冲区变化的影响因素

（图片来源：作者绘制）

日益加剧的城市体系中重塑城市形象，刺激并促进当地经济的增长，许多城市将河湖水系环境整治和滨水用地开发作为改善城市形象、招商引资、建设地方经济、实施惠民工程的重要手段。一些地方政府常因 GDP 政绩指标的压力，出台一系列促进滨水用地开发的招商政策，使得有限的投资主体有了多种选择的可能，更有甚者，政府会为投资主体量身定制滨水区空间规划，使得一些地段的滨水用地规划建设严重背离当地法定城市规划要求。

以武汉为例，当地政府为加快城市建设步伐，改善城市形象，提升城市功能，从 2002 年开始，对武汉江滩进行了防洪及环境的综合整治，通过搬迁企事业单位、拆除各类阻水建筑物等方式，新建了大面积的立体绿化带，不仅为市民提供了具有滨江特色的公共休闲活动空间，同时也加速了滨江用地开发与再开发的进程。

为招商引资,尤其是为引进资金实力雄厚的大企业,武汉市近年在滨水用地出让方面给予大量的政策倾斜。

　　为吸引投资,建设地方经济,推进南湖片区的开发,武汉市洪山区政府将办公地搬迁至此。原先人烟稀少的南湖片区经过近二十多年的发展,现已经成为武汉长江南面重要的居住组团。自从武汉市汉阳区政府搬迁至墨水湖一隅后,该片很快成为一片热土,不仅坚定了投资者的信心,也带动了一大批新项目的建设。2012 年,根据外交部关于《武汉领事馆区选址规划》的正式批复,领事馆区选址在汉阳墨水湖南岸,用地面积 9.65 hm²,可容纳领事馆或代表处 40 多家,可以预见在不远的将来,墨水湖片区的滨水用地开发将会进入新一轮热潮。

　　随着人们的环保意识增强,保护武汉市湖泊的呼声日渐高涨,政府也做出诸多努力,先是出台《武汉市湖泊保护条例》,后又实施"一湖一景""清水入湖"等治湖工程,"大东湖水网"工程则是这其中最大的工程之一。2009 年,武汉市开始规划总投资为 158 亿元的东湖、沙湖、杨春湖等六湖的连通工程。"楚河汉街"作为首个工程,不仅连通了东湖与沙湖,使其形成动态水网,提升了东湖生态水环境综合处理能力。更重要的是,由于地方政府的大力支持,该项目通过引入万达集团投资,打造商业步行街,客观上加速了东湖、沙湖等滨水用地开发进程。

二、规划设计

　　各类水体、滩涂、湿地等弥足珍贵的自然资源,构成了河湖水系相对完整的自然生态环境。但是,河湖水系自然环境体现的魅力,渐渐为城市化浪潮淹没。填湖造地,房地产开发,水利工程建设,种种行为皆以河湖水系环境的破坏为代价,以满足人类无止境的欲望。

　　滨水用地功能布局与空间体系组织作为滨水区城市设计的核心问题,不仅影响城市用地结构与空间形态,还对河湖水系的结构与功能产生重要影响。例如,长期以来,以工业、交通和港口为主导的滨水区规划较为强调功能自成一体(通常前厂后住,生产与生活一体)、独立发展(以避免外界对生产作业区的干扰),造成其空间肌理、滨水岸线与城市腹地缺乏相应的联

系，使滨水区变成一个"孤岛"。近年来，一些城市虽然结合滨水用地开发（主要是房地产开发），开辟了各类滨水广场、公园，但是与城市腹地开放空间系统缺乏有机联系，无法在更大范围内满足市民亲水活动的需要。此外，一些城市在进行滨水区城市设计时，为片面追求用地开发强度，无视用地内的沟塘湖泊、支流水系等自然条件，肆意将用地作空白化处理，这在一定程度造成了河湖水系结构总体性萎缩。

三、规划衔接

按照我国现有的管理体制，城市滨水缓冲区建设涉及的岸线开发利用、水功能区划、基础设施建设和滨水用地开发等内容，通常由不同管理部门的规划体系确定。

（1）岸线开发利用和水功能区划是在水利部（或授权流域管理机构）组织编制的《全国河道（湖泊）岸线利用管理规划技术细则》和《全国重要江河湖泊水功能区划》基础上，由城市水务行政主管部门进一步确定其城市段的规划内容。

（2）基础设施建设主要由城市建设行政主管部门和园林行政主管部门确定。其中，城市建设行政主管部门负责确定防洪堤坝、雨（污）水工程、道路建设规划内容，园林行政主管部门负责绿地建设规划内容。

（3）滨水用地开发主要由城市规划行政主管部门统筹，城市规划行政主管部门通过编制滨水区规划，对滨水区用地进行规划控制和空间引导等。

各管理部门组织编制的规划成果因其出发点各有偏重，且分属于不同的规划体系，彼此间缺乏有效的衔接与综合统筹，未能将河湖水系生态服务功能与滨水用地空间的生产和生活功能进行通盘考虑，经常造成相关规划内容难以落地的被动局面。

例如，水务部门牵头的水功能区划，主要是为满足水资源合理开发和有效保护的需求，从资源的角度出发，根据流域或区域的水资源自然属性和社会属性，按照流域综合规划、水资源保护规划和经济社会发展要求，在相应水域按其主导功能划定并执行特定区域的相应质量标准。针对新建、改建、扩建的建设项目，进行可能对水功能区有影响的取水、河道管理范围内建设等活动的，建设单位在向有管辖权的水务行政主管部门或流域管理机构提交的水资源论证报告书或申请文件中，只需涉及建设项目施工和运行期间对水功能区水质、水量的影响分析即可。而对如何利用河湖水系进行滨水用地开发等关键性内容，水务部门并未作出明确规定。

城市规划行政主管部门进行的滨水用地规划，主要是按照市场经济条件下城市发展的客观规律，从城市的需要出发，着眼于发展，重在解决城市空间布局问题，统筹安排城市各项建设用地。而对于在滨水用地开发过程中，如何科学有效地保护和利用河湖水系，并未进行城市整体性规划安排。

此外，部分城市的规划编制工作因长期滞后于建设，控制性详细规划无法做到全覆盖，而总体规划确立的各项发展建设的综合部署，因过于宏观，又无法指导具体的建设活动，许多滨水用地开发无法定规划可依。耐人寻味的是，即便规划行政主管部门迫于压力，勉强组织编制了控制性详细规划，但因与水务、园林等部门编制的规划缺乏衔接，规划成果与相关部门的规划目标严重不符，自然也就很难真正地对河湖水系周边地区的城市建设进行科学引导。

可见，规划衔接缺失已经成为诱发当前城市河湖水系与滨水用地缓冲区建设问题的一个重要因素，不仅给城市滨水用地开发增添了各种不确定性，使城市建设长期处于无序混乱状态，也给河湖水系环境和生态发展带来了潜在威胁。

四、规划建设

滨水缓冲区规划建设涉及滨水绿地、堤岸与消落带、水系网络、滨水道路、开放空间、市政设施、建设用地开发等内容，是一个系统工程，需要从城市整体角度进行长远谋划，按步实施，其成效直接影响滨水缓冲区建设质量。

从国内外滨水区规划建设实践看，滨水区开发往往是伴随着城市经济和产业结构的调整，第三产业逐渐取代第二产业，在城市产业结构中占据主导地位，滨水用地功能与空间体系面临重构而得以进行的。滨水缓冲区作为城市空间的重要组成部分，其功能在城市建设中不可避免地随着城市建

设的步伐和不同时期的社会发展需要而做出相应调整,有时侧重防洪,有时侧重工业生产与市政交通,但只有当城市的发展趋于成熟与稳定时,其生活与生态功能才得以复原。

例如,1993 年,上海在进行外滩城市交通综合改造时,为扩大交通容量,通过修建匝道和高架桥,把外滩防汛墙外移;又为了安全,把墙体抬高,使外滩完全变成了交通要道,对市民亲水活动造成了严重的负面影响。后来为提升城市形象,复原外滩整体历史风貌,通过拆除延安路高架匝道、吴淞路闸桥等方式,才逐渐恢复了外滩原有的尺度,使外滩平台更具亲水性。

福州闽江有别致的淡水沙滩、湿地资源和人文景观,也有独特的自然山水景观格局。但伴随着城市建设飞速发展,闽江滨水缓冲区因缺乏有效控制,城市功能和土地用途相对单一,造成滨水地带活力不足,加上滨江道路偏重机动交通,缺乏人性化的滨水步道系统,滨水缓冲区公共空间可达性差,造成滨水景观资源浪费。

五、实施机制

改革开放以来,我国由计划经济逐步向市场经济转变,城市化进程越来越快,城市经济在国民经济体系中所占的比重越来越大,而城市规划作为城市管理的第一要务,无论从机制的编制到具体的实施都遇到了前所未有的挑战。规划实施机制缺位导致规划与建设脱节,是城市河湖水系与滨水用地缓冲区变化的又一影响因素。具体体现如下。

1. 管理协调机制缺位

业内人士普遍用"九龙管水"来形容中国水资源行政管理体制的积弊:水利部门主要对江河湖库等水源地和农村水利、防汛抗旱负责;用水规划由规划局或城市规划委员会负责;城市供水、排水和城市地下水由城建部门负责;城市以外的地下水由地矿局主管;城市排污由环境保护部门把关。一些城市还设有公用事业局、市政管委会这样的机构,参与城市供、排水等环节的管理。管理部门负责的领域分工不明确,最后落实到城市河湖水系与滨水用地上,则表现为利益的分割。

146

在水系环境治理过程中,一些城市按行政区划及主管部门不同,将水系分解成若干水体(如江、河、湖)或片区,孤立地对各水体或片区进行水环境治理,忽视了水系之间的内在联系,导致局部水体或片区的水环境有所改善,而城市整体河湖水系环境未得到根本性好转。

　　此外,河湖水系周边地区的土地价格通常比其他区域高。城市规划主管部门往往将河湖水系周边地区视作城市开发的黄金地带,进而提高其开发强度指标。然而,水务部门则把河湖水系当作城市水资源的组成部分,加以利用与控制;园林部门则把河湖水系视作城市景观要素,寄希望将水系与城市绿地景观系统结合在一起,以便于建设国家生态园林城市;农业部门则把河湖水系当作渔业养殖的重要场所;市政排水部门则把河湖水系当成城市污水排放区,以减少铺设管网的巨额资金投入……这些涉水管理部门在执行各自职权时,较容易出现部门权益之争。

　　从管理体制看,城市河湖水系与滨水用地的相关行政管理部门通常包括规划、水务、园林、环保和城管等部门。尽管各部门对城市河湖水系与滨水用地的关注点略有不同,但从其行政管理职责范围和内容看,依然存在交叉重叠现象。由于各部门都属于城市政府下属的平行、同级行政单位,互相之间不存在行政隶属关系,使得各部门在进行具体的城市河湖水系与滨水用地管理过程中,当关乎各自部门利益时,常出现"争功推责"现象。这已成为当前涉水利益相关部门最普遍的写照。例如,某城市结合湖泊水环境综合整治工程,建设了一批滨水区,有的归属于当地水务局管理,有的则划在当地园林局名下,这两个部门为各自的利益考量,一直在争夺滨水区管理的主导权。

　　此外,许多城市为给不合理的城市开发带上"紧箍咒",协调相关部门之间的利益矛盾和冲突,试图通过划定"三线",规定城市河湖水系与滨水用地的"蓝线"(水域的边界界限内区域)、"绿线"(水域控制线外滨水绿化区域)、"灰线"(滨水绿化控制线外滨水建筑区域)。"三线"对应的管理部门分别是水务部门(水务局)、园林部门(园林局)、规划部门(规划局),以此明确各部门的管理界限和内容范围。

　　但事实上,许多城市的"三线"控制并不令人满意,"三线"不仅未能很好

地从整体上控制和引导城市河湖水系与滨水用地,使之朝向健康方向发展。相反,作为协调各部门之间利益矛盾和冲突的"三线"的划定,给各部门进一步地明确了各自的势力范围。水务部门热衷于封闭的水体环境治理,缺乏与"绿线"和"灰线"之间的对接;园林部门只管滨水绿化工程建设,而无视滨水绿化与"蓝线"和"灰线"的衔接关系;规划部门只管滨水区土地价值最大化的实现途径,而漠视滨水用地开发对"蓝线"和"绿线"带来的潜在威胁。由于相关部门之间缺乏有效合力,都只从自身利益出发,仅仅考虑各自管辖范围内的事,而无视"三线"是一个有机的、不能分割的整体,实际上是人为地对城市河湖水系与滨水用地进行了分离与切割,故而出现河湖水系周边用地开发的无序化和空间建设千篇一律的现象。

2. 公众参与机制缺位

近年来,我国经济的增长和快速的城市化带来了巨大的城市建设量。2002 年 7 月 1 日《招标拍卖挂牌出让国有土地使用权规定》实施后,出让国有土地成为不少地方政府财政收入的重要来源,也带来了地方政府的建设冲动,征地和拆迁越来越多,由此引起的纠纷不断增加。

随着我国公民民主意识的逐渐觉醒,公众要求参与城市规划的呼声越来越高。由于规划没有充分考虑公民诉求而导致的矛盾和纠纷也越来越多。

例如,重庆长寿湖镇湖边村的土地,原先以扩建长寿湖中学为名被政府征用,但几年以后,经过土地规划的更改,这里拔地而起的不是中学,而是政府建筑群,以及与之相邻的一排商品房。而长寿湖中学则与小学一起,建在了该镇西南角某处被村民称为"泄洪区"的地方。

2012 年的武汉沙湖填湖事件,引发社会对这个武汉内环最大湖泊的广泛关注。事件焦点为福星惠誉 K7 地块违规开工,准备在沙湖边的一块空地上兴建两栋 40 多层的商品住宅。该地块位于武昌区三角路村"城中村"改造用地范围内,经土地市场公开交易,由福星惠誉公司竞得,面积约1.6 hm²。该地块为原二手车交易市场的一部分,属三角路城中村改造范围。在 2006 年报经批复的《武汉市城市总体规划》、2010 年国务院批复的《武汉市城市总体规划(2010—2020 年)》中,二手车交易市场用地规划控制为居住用地、公共绿地和环湖道路。然而,该地块从绿化用地改为商业居住用地,只是在网上公布过变更消息,没有召开听证会听取有关部门及周边居民的意见,使得沙湖填湖事件成为一个"误会"。

正是由于公众参与机制缺位,社会公众对滨水区规划的有关信息(常被作为机密材料,不对外公开)缺乏完整、深入的了解,无法对滨水区规划的实施形成有效的监督与制约,最终造成规划与建设脱节。

第五节　本　章　小　结

城市化作为人类对自然的一项重要的干扰活动,对水体造成了较为严重的负面影响。滨水缓冲区作为河湖水系生态系统与滨水建设用地的过渡区,对河湖水系景观格局的改善具有促进作用。为保护和优化城市河湖水系格局,改善城市河湖水系的生态服务功能,给城市滨水用地规划控制和空间引导明确生态保护框架,本章以城市再生、低影响开发、生态基础设施等理论思想为基础,提出了城市滨水缓冲区的划定方法与评价体系,并通过问题调查验证了评价体系的可行性。

本章重点以武汉市为例,结合田野调查,对典型滨水缓冲区(东湖、沙湖、南湖、墨水湖、野芷湖、龙阳湖)进行了认定与评价,证明了研究方法的可行性。

(1)滨水缓冲区是在城市河湖水系与滨水用地之间构建的一个生态保护屏障,一方面是为保护自然生态预留用地,另一方面则是为了服务社会和为居民提供休闲游憩,为提升城市滨水空间环境、完善城市公共空间系统提供可能。

(2)问卷调查数据显示,公众对武汉城市滨水缓冲区建设的总体满意度为:非常满意的占 15.60%,满意的占 18.30%,一般的占 24.40%,不满意的占 38.20%,很不满意的占 3.50%。其主要影响因素有:①市政公用设施建设滞后,水污染问题还未得到根本性改善;②部分岸线被周边用地填占、切割、挤压、包裹较严重,水域与滨水建设用地缺乏必要的过渡区域;③滨水区道路尚不成体系,与城市腹地缺乏有效衔接,造成滨水开放空间的可达性

较差。

（3）利用 Arcgis 10.0 空间分析工具和田野调查相结合的方法，通过对 2013 年东湖、沙湖、南湖、墨水湖、野芷湖、龙阳湖滨水缓冲区岸线用地功能、开放程度以及用地与岸线的平均距离等指标进行测度，数据显示，各滨水缓冲区空间分异明显，不同用地与岸线的缓冲距离存在较大差异，其中工业用地的缓冲距离最大（平均缓冲距离为 42.6 m），较小的为绿地与广场用地（平均缓冲距离为 3.2 m）。

（4）从系统、应用和可操作性的角度，将滨水缓冲区控制要素分为生态要素和功能要素两大类。其中，生态要素由滨水绿地、堤岸与消落带、水系网络等构成（准则层）；功能要素由滨水道路、开放空间、市政设施、建设用地等构成（准则层）。挑选相互匹配的 7 个一级指标和 27 个二级指标，构建了缓冲区综合评价体系，通过集对分析模型，对武汉典型滨水缓冲区进行了评价。结果显示，总指标的综合评价联系主值差异明显，东湖、沙湖、墨水湖的总指标等级为"良"，南湖、野芷湖的总指标等级为"中"，龙阳湖的总指标等级为"差"。最后，从地方政策、规划设计、规划衔接、规划建设、实施机制等方面解析了滨水缓冲区的影响因素。

第六章 武汉城市滨水缓冲区
空间分类及调控策略

与自然河岸带相比,城市滨水缓冲区基本上是人类较大强度地利用或干扰土地形成的产物,应当说人类活动丰富了滨水缓冲区的空间层次。城市开发过程中对自然地形地貌的改造,使滨水缓冲区空间类型存在较大差异性。根据前面章节的分析,武汉城市滨水缓冲区空间的形态、规模、层次等不仅受到自然环境影响,同时也与社会经济发展、城市化进程以及政府的宏观政策息息相关。本章将根据城市滨水缓冲区空间分类,提出总体调控目标、分类发展策略及其实施机制,为城市滨水缓冲区空间的可持续发展提供一定的技术指导。

第一节 城市滨水缓冲区空间分类

一、分类原则

1. 尊重自然的原则

在满足防洪排涝安全的基础上,应以海绵城市建设理念为指导,保留现有河湖水系的自然景观(滩涂、消落带、湿地),发挥滨水缓冲区的滞洪调蓄作用,创造人与自然和谐的滨水缓冲区空间。

2. 开发利用的原则

滨水缓冲区空间的分类,应在尊重自然的基础上,基于低影响开发理念,充分挖掘地域文化、自然景观、旅游内涵,针对具有经济、社会价值的滨水用地,通过保护、修复,维持现有的整体格局和历史风貌,以展现滨水土地开发利用价值。

3. 公众参与的原则

滨水缓冲区空间的分类,应征求沿线居民意见,公布规划方案,充分听取居民对水生态、水功能、水景观、水文化的态度,了解居民的需求。

4. 可操作性的原则

滨水缓冲区空间的分类,不应简单地用行政手段强加干预,也不应直接使用国内外的分类标准,而应在综合分析上述原则的基础上,结合城市经济、社会和环境发展的实际情况,以确保滨水缓冲区分类的可操作性。

二、分类结果

1. 武汉城市滨水缓冲区空间分类的结果

依据前面章节对武汉滨水缓冲区的综合测度分析,结合武汉市有关河湖水系与滨水区的发展规划,综合考虑各滨水缓冲区的现状特征,将武汉滨水缓冲区空间分为三种类型:Ⅰ类:"水岸—缓冲区"型;Ⅱ类:"水岸—缓冲区—建设区"型;Ⅲ类:"水岸—缓冲区—廊道"型。

2. 武汉城市滨水缓冲区空间分类的特点

(1) Ⅰ类:"水岸—缓冲区"型。

从所处的自然地理条件看,该类缓冲区的生态要素表现较好,主要位于自然条件较好、城市开发程度不高、人类活动干扰相对较低的地带。缓冲区结构以自然植被带为主。龙阳湖西北段、野芷湖南段、东湖东段属于此类型。

(2) Ⅱ类:"水岸—缓冲区—建设区"型。

该类缓冲区的生态要素表现一般,功能要素有一定建设基础,主要位于人地关系矛盾较突出的高密集开发地区,滨水岸线已形成集生产、生活为一体的综合性功能区。但在开发过程中,产生了岸线用地侵蚀、水环境污染及景观破坏等问题,并且问题日益严重,亟待进行综合控制与空间引导,以保护和修复滨水缓冲区生态服务功能。沙湖、南湖、墨水湖等岸线大多属于此种类型。

（3）Ⅲ型："水岸—缓冲区—廊道"型。

该类型缓冲区具备河湖水系连通的基础和工程改造条件，主要位于河湖连接地带（通常有河与河、河与湖、湖与湖三种连接形式），滨水岸线以生产、生活型为主，岸线主要分布厂房、棚户区、城中村等，生态条件相对较差。亟待运用城市再生理念，通过完善河湖水系结构，提升河湖水系生态服务功能。东湖、沙湖、南湖、墨水湖、野芷湖、龙阳湖等岸线的局部地段属于此种类型。

三、不同类型缓冲区存在的主要问题

（1）Ⅰ类："水岸—缓冲区"型存在的主要问题。

这类缓冲区占整个缓冲区的比例不大，用地构成较复杂，主要以自然和半自然植被群落为主，乡土植物比例较高。自然肌理条件尚佳，但缺乏明确的保护界线，并受到城市扩张的影响，空间保护范围不断受到挤压，其生态效益还未能充分发挥；大多数缓冲区处于自发状态，未能明确功能定位，缺乏全面合理的规划，因而未能给城市提供足够的滨水开放空间，其综合效益未能充分发掘；由于地理空间分布的差异，缺乏与城市的有机互动联系，未能和城市生态系统及城市绿地系统相融合，空间连续性较差。

（2）Ⅱ类："水岸—缓冲区—建设区"型存在的主要问题。

这类缓冲区用地占比较大，多处于城市开发建设的重要区域，水域保护和城市建设由于诸多因素形成较为突出的矛盾，普遍存在缓冲距离不够、生态环境恶化的局面。水体净化功能基本丧失，调蓄功能日益降低的现象严重；植物聚落较单一，生态效益低下；部分地区私占岸线，极大地破坏了滨水空间的连续性；部分区域缺乏相邻用地耦合分析，缺乏具体指导操作，使得缓冲区保护界线难以在空间内落实，一方面硬性规定后退距离，缺乏与滨水空间的有机联系，另一方面弹性过大，导致建设的无序。除此以外，该区域滨水空间要素控制缺乏系统层面的整合，未能形成职能结构明晰的空间体系。

（3）Ⅲ型："水岸—缓冲区—廊道"型存在的主要问题。

这类缓冲区所占用地比例不大，且多为潜在调整用地。由于历史原因，

城市河湖水系被城市建设割裂,湖泊多为孤岛型,原有自然联系廊道要么被填埋,要么变成地下排水管廊,或者以明渠形式裸露于地表,两侧几乎无足够的缓冲空间,其调蓄功能受到极大影响,而且水质恶劣,同时也未能和城市通风、防洪排涝等功能有机结合,其景观效益和生态效益极为低下。

第二节　城市滨水缓冲区空间调控策略

城市滨水缓冲区建设应基于生态、功能、空间三大目标,首先从保护和恢复滨水缓冲区生态功能出发,改善河湖水系结构;其次,城市化区域内的滨水缓冲区不同于自然区域,需要参与大量的城市生产、生活活动,因此有必要进行滨水缓冲区岸线生态功能与滨水用地生产、生活功能的协调;最后,根据滨水缓冲区环境状况,优化滨水缓冲区建设技术。这是进行城市滨水缓冲区空间分类调控的基本前提。

依据前述分析,确定本次调控的总体目标具体如下。

1. 生态目标:净化、固岸、调蓄

滨水缓冲区对地表径流中的泥沙和其他碎屑物质有很强的拦截作用,相关研究表明,根据缓冲区的宽度和复杂程度,径流中的 $50\% \sim 100\%$ 的泥沙和附着在其上的营养盐能得到沉降。缓冲区通过降低地表径流的流速,有利于地表水的渗入和对地下水的补给,然后再通过地下水补给河流,对于控制洪水和维持干旱季节河湖水量具有非常明显的效益。因此,为保证滨水缓冲区生态目标的实现,缓冲区需要控制在一定的宽度。而缓冲区的宽度由很多因素共同决定,通常取决于它要实现的功能、水岸的地形地貌条件、周边土地利用方式、投入的资金以及城市规划的限制。

2. 功能目标:确保综合效益最大化

根据前面章节的分析研究,城市滨水缓冲区的控制要素主要分为生态要素和功能要素两大类。其中,生态要素由滨水绿地、堤岸与消落带、水系网络构成;功能要素由滨水道路、开放空间、市政设施、建设用地构成。随着人类活动的影响，天然的滨水缓冲区受到严重破坏，导致滨水缓冲区的生态功能丧失，发生了水岸侵蚀加剧、生物多样性退化、水系连通关系受阻等一系列生态环境问题。为了保护水体免受污染和控制水岸侵蚀等问题，城市滨水缓冲区建设应将水岸生态修复放在首要位置，通过完善滨水道路系统、布置滨水开放空间、完善滨水市政公共设施建设、优化滨水建设用地布局，充分发挥城市滨水缓冲区的生产、生活、生态等功能，使综合效益最大化。

3. 空间目标：确保连续性与共享性

滨水缓冲区建设和恢复过程中应维持缓冲区空间的连续性与共享性，使缓冲区的景观、社会经济服务功能更好地发挥出来。连续的滨水缓冲区不仅有助于水生动植物及陆生动植物的迁移、交流，还能为人类提供各种滨水开放空间，使滨水缓冲区空间的共享性得到充分体现。

根据武汉市滨水缓冲区的特点以及主要问题，在总体目标的框架指导下，提出"水陆联动、分类调控、弹性增长、耦合发展"的空间调控策略。

一、"水岸—缓冲区"型空间调控策略

十八届五中全会公报提出，促进人与自然和谐共生，构建科学合理的城市化格局、农业发展格局、生态安全格局、自然岸线格局，推动建立绿色、低碳、循环发展产业体系。其中提到的"四个格局"是公报的一大亮点，而自然岸线格局也是一个较新的观念。"水岸—缓冲区"型滨水缓冲区作为自然条件较好、城市开发程度不高、人类活动干扰相对较低的地带，在高密度开发的城市中心地区，这类滨水缓冲区将会成为越来越稀缺的资源。关于该类型的空间发展策略，建议如下。

（1）遵循保护优先原则，尽可能维持岸线的自然属性。自然岸线的保护不应仅仅局限在自然岸线本身，还应对滨水陆域加强管理，尽可能维持岸线的自然属性，有效保护岸线的自然景观。

（2）打造城市生态湿地公园系统。应当摒弃过去那种掠夺式的开发模式，通过加强控制该类型缓冲区周边用地规划，将该类型滨水缓冲区作为城

市湿地重点打造,对于增加滨水缓冲区生物多样性,为城市提供固岸、调蓄、净化水质等生态服务功能,都具有非常重要的作用。

通过加强水域和陆域的自然过渡与联系,突破空间的局限,使其充分发挥最大的生态景观效益,并在此基础上加强与城市发展的协调性,预留弹性增长空间,将其融入城市生态基底。

二、"水岸—缓冲区—建设区"型空间调控策略

1. 以水系功能相协调的滨水用地布局

根据前文研究,滨水缓冲区的功能主要包括防洪排涝、供水水源、水体自净化、生态走廊、文化承载、旅游景观、水产养殖、改善城市环境等。而滨水用地通常有居住、公共服务设施、商业、工业、绿地等类型。为保证与河湖水系建设协调发展,滨水用地规划应坚持"以水融城"理念,统筹考虑水系的流域性、整体性、复杂性特征,以及水系的资源功能、生态功能、人文功能等多重属性,针对其各自的特点,规划出与水系功能相融合的滨水用地布局。

(1)滨水居住用地布局。

考虑到居住区对亲水的要求较高,规划建议通过梳理现有水系,结合河湖水系连通工程建设,适度加密水网和局部增加水面的方式形成网络状的水系,满足居民的亲水需求。

(2)滨水公共服务设施用地布局。

利用水系作为景观基底,结合河湖水系网络打造公共空间廊道,通过布局滨水景观广场以供市民休闲游憩等公共活动,依托公共建筑群形成现代滨水都市形象。

(3)滨水商业用地布局。

遵循"疏密有致、突出节点"的原则,营造特色的水景观,建设丰富的滨水公共活动空间。结合河湖水系连通工程建设商业水街,通过引入水上交通,增强滨水活动多样性,创造有序、活力的滨水空间。

（4）滨水工业用地布局。

与居住用地相比，工业用地通常不必专门设置具有游憩功能的绿地，但对地块的规整性和环境要求较高。因此，在处理河湖水系与滨水工业用地关系方面，应在确保地块规整的同时，尽量结合绿化形成一定宽度的生态隔离区，以降低工业区生产对河湖水系环境产生的不利影响。

（5）滨水绿地布局。

规划应以构建"蓝线""绿线"相结合的公共开敞空间、增强滨水区域调蓄能力和生态防护能力为目的，在有用地条件的地方加强河湖水系自然岸线改造，围绕水系建设城市公园，通过水系连通各绿地公园，形成完善的城市生态网络。

2. 注意"蓝线""绿线""灰线"的协调

借鉴《武汉市中心城区湖泊"三线一路"保护规划》的做法，本研究提出，在明确水系功能和分类的基础上，确定水体保护控制体系、控制指标和控制要求，界定水域控制线，确定滨水绿化控制线，划定滨水建设控制线，调整和完善滨水道路体系，提出规划控制要求，在城市总体规划基础上，依托详细规划，绘制出水系及周边用地控制图，作为城市滨水缓冲区规划和管理的重要依据。规划要求"蓝线""绿线"之内不得任意开发，"灰线"内的建设要与滨水环境相协调，保护湖泊资源的公共性和共享性。通过科学界定"蓝线"、合理规划"绿线"、妥善确定"灰线"等方法，以实现"蓝线""绿线""灰线"的协调（图6-1、图6-2）。

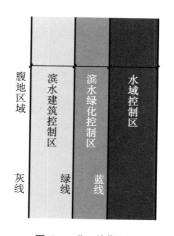

图 6-1　"三线"控制

（图片来源：作者绘制）

"三线"控制的主要目的是在综合协调河湖水系的安全、生态环境与经济与社会发展基础上，发挥城市河湖水系与

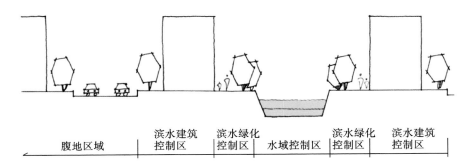

图 6-2　"三线"控制区断面示意
（图片来源：作者绘制）

滨水用地的整体效益[①]。

　　为适应我国城市河湖水系与滨水用地大多由城市水务、园林、规划等部门共同管理的国情，协调和明晰各部门的管理范围，"三线"控制应综合滨水区使用现状，根据《城市水系规划规范》，在强化河湖水系自然形态、维持和修复河湖水系生态服务功能的前提下，合理地划定水域控制区、滨水绿化控制区和滨水建筑控制区，通过水体—岸线（滨水带）—滨水空间（陆域）三个圈层来保护，并针对各控制区进一步提出相应的控制要素，具体如表 6-1所示。

表 6-1　"三线"控制的要素

控制区	控制要素
水域控制区	A1：水质；A2：涨落带；A3：水岸护坡；A4：水工建筑
滨水绿化控制区	B1：植物配置；B2：铺装设计；B3：园林小品；B4：生态湿地
滨水建筑控制区	C1：开发容量；C2：建筑设计；C3：市政基础设施

（资料来源：作者整理）

　　为避免因机械地划定"三线"而造成城市河湖水系岸线与滨水区空间形态单调和同质化情形（如相同的退让距离、相同的绿化种植和护坡处理手段

---

　　① 陈兴茹，王东胜.基于功能的城市滨水空间规划模式探析［J］.水力学与水利信息学进展，2007：477-484.

等),进而导致"三线"控制缺乏弹性。本研究建议在划定"三线"控制区时,应根据滨水区空间发展的实际情况,对"三线"的形态边界进行优化组织,同时应遵循以下基本要点。

(1)在划定"三线"控制区时,应预留绿化、景观、雨洪利用工程等生态改善工程所需用地,避免滨水建筑控制区内的城市开发活动挤占河湖水系生态空间。

(2)在划定"三线"控制区时,应尽量保持河湖水系岸线的自然形态,根据河湖水系的涨落特点,维持河湖水域生态缓冲区。

(3)在划定"三线"控制区时,为打破枯水季节涨落区滩涂地的生硬感,"绿线"可局部突破"蓝线"边界,使得"蓝线""绿线""灰线"交织一体。

此外,在划定"三线"控制区时,还应做到严格控制"灰线"、扩宽"绿线"、柔化"蓝线",使水系整治建设与滨水用地建设相协调,确保水系规模和调蓄水面积不缩减,构建完整的河湖水系生态屏障;应根据城市景观建设和旅游发展需要,在市政设施配套较完善的基础上,允许滨水建筑控制区的部分公共建筑突破"绿线""蓝线"范围,从而塑造多样化的城市河湖水系岸线与滨水区空间形态。

3. 加强对滨水用地空间规划要素的控制

规划应注重空间的层级性,遵循"用地兼容、功能复合;生态优先、容量适度;公私并重、配套先行;考虑长远、注重实施;整体有序、彰显特色"等原则,通过"点、线、面"空间组织手法,加强滨水地块与驳岸的"点"要素控制,再由点到线,延伸至社区;通过滨水组团与河流、湖泊岸线的"线"要素控制,再由线到面,扩展至城市组团;通过滨水用地系统与河湖水系的"面"要素控制,再由面到网,辐射至城市空间系统层面,以实现河湖水系与滨水用地功能在宏观、中观和微观等空间层面的融合。

(1)"点"要素控制。

滨水地块与驳岸的"点"要素控制,一方面可配合滨水地块开发,不断完善滨水雨、污水收集及处理设施,避免滨水地块的污水未经处理直排入河湖水体,以确保水质安全;另一方面则是滨水地块不宜紧贴水体开发,而应适度预留生态用地,通过退让空间,建设生态型驳岸,以防止滨水用地开发对

水体的侵蚀，从而维持水体边缘与陆地交错区生态系统的稳定性。

（2）"线"要素控制。

城市滨水空间作为城市公共空间的有机组织部分，滨水用地形态应力求开放化，实现滨水岸线的共享性原则。滨水组团与河流、湖泊岸线的"线"要素控制，可依托河湖水系网络不断完善滨水道路系统，发挥河湖水系的社会经济功能；在滨水街区布置旅游、商业、休憩和文体等公共设施，尽量不布置封闭的工业项目，以利于对广大市民开放；通过在滨水岸线设置连续性的绿化林带和绿道（滨水步行道），确保岸线在横向空间和纵向空间的连续性。

（3）"面"要素控制。

现代城市规划的功能分区理论造成了城市功能的区域性的单一化，导致滨水用地之间缺乏相互促进、共同发展的共生机制。因此，滨水用地系统与河湖水系的"面"要素控制，可从城市整体功能层面，根据河湖水系功能区划，进行不同类型滨水用地功能布局，确保滨水用地功能的多样性，实现河湖水系与滨水用地在生产功能、生活功能和生态功能上的协调统一，并加强滨水公共空间与城市腹地公共空间，如街道、广场、城市中心商贸区等的有机联系，使滨水空间成为连接城市公共空间系统的关键纽带和重要组成部分。

在水域保护的基础上，重点协调不同陆域用地与滨水缓冲区功能的匹配性，使得滨水缓冲区成为多重协调功能的空间载体；加强滨水缓冲区规划管控的协调，实现滨水空间的多样性，有利于滨水缓冲区的弹性增长；建立"点、线、面"相结合的滨水要素控制体系，使其成为滨水地区协调发展的耦合基础。

三、"水岸—缓冲区—廊道"型空间调控策略

1. 遵循水系自然过程的滨水用地布局

径流过程是陆地上重要的水文现象，是水文循环和水量平衡的基本要素，也直接决定着河流、湖泊、沼泽等陆地水体的水情变化。伴随城市空间急剧扩张，滨水用地开发不断地改变着河湖水系的自然过程，造成洪水蓄积

空间减少,使得河湖水系生态环境受到一定程度的影响。因此,从维护河湖水系的健康循环出发,应遵循水的自然运动规律和特性,使滨水用地布局不扰乱水的自然过程。具体来说,滨水用地布局应以水定城,在河湖水系的纵、横两个方向确保河湖水系的生态安全格局,保持其自然过程的正常运行。

(1)在水系纵向空间,应结合港口和工业用地外迁,对城市生活岸线、旅游休闲岸线、工业岸线、市政岸线及备用岸线进行重新调整与优化安排,保护好沿岸滨水用地内的小面积湿地、沼泽和湿地等。根据相关研究,一个流域内湖泊、沼泽越多,径流过程就会平缓,会大大削减洪峰流量。

(2)在水系横向空间,应保护好河湖水系沿岸指定宽度区域作为缓冲区。根据前文的研究,滨水缓冲区的价值体现在水文循环、生物保护、防止污染物扩散以及休闲娱乐等多个方面。基于不同目标的滨水缓冲区宽度会有很大不同,而其决定因素在于河湖水系所在城市的位置及功能定位。对于城市中心区的河湖水系而言,满足社会经济服务功能往往是最重要的,而在城市边缘区的河湖水系,满足生态涵养功能则是关键。

2. 预留河湖水系网络所需的用地空间

流动是河湖水系的天性,连续是河湖水系的生命。河湖水系具有较好的连通性,不仅可维持区域湿地生态系统的完整性,同时也影响到流域水资源的开发利用和区域分配;此外,河湖水系连通性和流动性还影响城市水功能区的水质状况,水系连通性和流动性越好,区域水体的自净能力和纳污能力越强;再则,水生生物多样性也需通过河湖水系连通来实现,没有水系连通,水生生物多样性就会受到很大影响,只有保持水系连通,才能维持城市生物栖息地的完整性和生物的多样性。

对于城市化地区而言,通过修复河湖水系连通关系,不仅可以将那些原本在空间上有直接联系的、因人类活动(如农业围垦、城市化)影响而导致彼此联结关系受阻的水体重新建立联系,也可通过修建水工程,构建新的水流通道。

因此,为发挥河湖水系网络在城市空间系统中的纽带作用,应结合城市更新调整现有滨水用地布局,通过预留用地滕让空间,给河湖水系连通创造

条件。

通过水系纵向空间整合、横向空间拓展，实现缓冲区空间增长的突破，从而为实现城市可持续发展奠定基本生态格局，对实现水体和绿地空间向城市的渗透提供了可行的途径，为城市用地的调整与耦合发展起到关键作用。

第三节　城市滨水缓冲区空间调控的实施保障

城市滨水缓冲区空间调控是配置城市滨水区公共空间资源、引导滨水用地规划与建设，提升城市滨水区整体空间形态、促进河湖水系与滨水用地生态、生产、生活功能协调发展的重要手段。然而，当前城市滨水缓冲区空间建设过程中呈现的重管、轻用，重部门利益、轻整体效益等问题，使得其空间调控面临很大的现实困境。

1. 重管、轻用

一方面，针对不同滨水缓冲区，仍采用单一管控措施，而未充分考虑滨水缓冲区的区位及其周边建设条件，未能将滨水缓冲区管理与合理利用有效结合起来，以实现对不同滨水缓冲区的差别化管理和利用。另一方面，只重视滨水缓冲区的外部管理，而忽略对其内部资源的利用。如在实际操作过程中，当城市"蓝线"与"绿线"出现交叉时，水系周边一定范围的绿地一般会划归城市水务部门管理，但水务部门大多偏重于对水体的管理，而忽略滨水绿地对水系环境的保护作用，未考虑利用滨水绿地建设生态驳岸及植被缓冲带，达到防治水土流失、降解污染物及保护水体的目的，从而造成滨水绿地资源浪费。

2. 重部门利益、轻综合效益

通常，城市滨水缓冲区空间管理涉及多个部门，包括规划、水务、园林、交通、旅游、市政、环保等部门。但大多城市滨水缓冲区相关管理规定并未明晰事权，造成各部门权责不明、分工不清，易产生多头管理或管理盲区等问题。此外，由于缺乏协调整合机制，相关管理部门大多从各自部门利益出发,而忽略滨水缓冲区的综合效益,使得滨水缓冲区规划建设过程混乱,不利于滨水缓冲区的整体协调发展。

因此,城市滨水缓冲区空间调控应当坚持管理与利用并重的原则,在保证滨水缓冲区生态安全的前提下,充分利用其区位、空间、资源等条件,发挥其生态、生产及社会功能。如利用景观资源,设置便民的亲水平台、生态步道等共享空间,提高其可达性和可视性;利用滨水缓冲区所处区位条件,合理建设生态、生活岸线,促进滨水空间功能的多元化发展。为实现上述目标,本研究建议在现有规划编制体系框架下,增设城市滨水缓冲区专项规划。

一、增设滨水缓冲区专项规划

(一)宏观层面——修复和完善河湖水系结构

在快速的城市化发展进程中,由于经济增长方式粗放,城市规模剧增,建设用地不断蔓延,城乡空间的急剧变化,致使滨水缓冲区岸线不断遭受侵蚀,河湖水系生态廊道被阻隔。这不仅影响滨水缓冲区生态功能的正常运转,还造成滨水城市空间特色的丧失。

根据 Weber(2008)、Mell(2009)、Lockhart(2009)等学者的研究,生态基础设施包括生态斑块(patch)、廊道(corridor)及踏脚石(stepping stone)三种组分。其中,生态斑块指面积较大、完整性好,具有重要生态功能的生态用地,如自然林地、湖泊湿地等,它是生物的重要栖息地。廊道是两边均与本底有显著区别的狭带状地,有着双重性质:一方面将其两边不同的部分隔开,对被隔开的景观是一个障碍物,另一方面又将景观中不同的部分连接起来,如城市中的线性绿地(带)、河流、绿道等。踏脚石可视作在生态斑块或廊道无法连通的情况下,为物种迁徙和再定居而设立的生态节点,应当看作是生态斑块和廊道的补充[①](图 6-3)。

城市滨水缓冲区建设在宏观层面,应通过加强湖泊生态斑块、河流廊道的修复与建设,对河湖水系自然岸线的消落带、湿地等脚踏石进行保护,以

---

① 杜士强,于德永.城市生态基础设施及其构建原则[J].生态学杂志,2010,29(8):1646-1654.

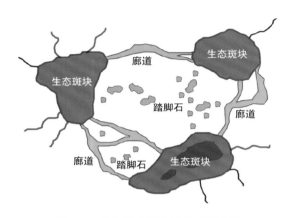

图 6-3　生态基础设施的构成示意图

(图片来源:杜士强,于德永.2010.作者改绘)

修复和完善河湖水系结构,将河湖水系生态系统的各种服务功能,包括旱涝调节、生物多样性保护、休憩与审美启智,以及遗产保护等整合在一个完整的景观格局中。

针对武汉城市滨水缓冲区在宏观层面的建设,本研究建议从以下几方面进行。

1. 梳理现有河湖水系格局

将数字技术分析工具和现场踏勘相结合,利用 Arcgis 空间分析模块中的 Hydrology 工具集或 AutoCAD 按高程分层叠加处理技术,从市域、流域层面,对河湖水系的水流方向、汇水区及流量进行判读与计算,借助不同时期的历史地图分析河流水系格局动态变化,通过现场踏勘进行修正,得出河湖水系网络格局图。

2. 保护和修复河湖水系环境

加强雨洪管理,通过退耕还湖修复部分已填湖泊池塘,在城市中心区(7个)和都市发展区(6个)结合低洼地建设新的蓄水池塘和湿地系统,以综合利用雨洪,补给地下水,减轻城市河湖水系蓄洪排涝压力;同时控制和保护滨水缓冲区的植被,使之发挥净化水质、保持水土等功能,成为均衡分布于城市的绿色水体斑块。

3. 完善河湖水系生态空间网络

根据城市水资源状况、经济社会发展规划和居民对亲水的要求，结合自然地理、行政区划、水文特征等因素，并考虑水资源开发利用现状和经济社会发展对水量与水质的要求，按照有利于水资源合理开发利用和保护及水质改善的原则，划定河湖水系主导功能区，注意与区域河湖水系网络的衔接，保护和恢复河道及滨水地带的自然形态，形成河湖水系生态空间网络，以强化河湖水系与滨水用地的物质、能量、信息的生态流动。

4. 实施河湖水系生态网络体系量化控制

根据河湖水系功能区划，依托河湖水系网络格局，结合防护绿带，进一步确立基于河湖水系的城市生态用地总量及生态廊道宽度等指标。对于城市生态用地总量的要求和规定，国际上并没有统一标准，不同城市有各自的规定，因此，在修复和完善河湖水系结构时，可运用多层级量化方法，科学测度和控制生态用地总量，保障河湖水系基本的生态安全格局，为城市禁建区、限建区、适建区的划定提供重要依据。

（二）中观层面——加强滨水用地岸线的规划

岸线是滨水缓冲区的重要组成部分。有季节性涨落变化或者潮汐现象的水体，其岸线一般是指最高水位线与常水位线之间的范围。岸线按使用性质划分，有生态性岸线、生产性岸线和生活性岸线三种类型。

（1）生态性岸线是指为保护城市生态环境而保留的自然岸线。

（2）生产性岸线是指工程设施和工业生产使用的岸线。

（3）生活性岸线是指提供城市游憩、居住、商业、文化等日常活动的岸线。

为合理开发、集约利用、有效保护河湖岸线资源，实施城市河湖沿岸产业开发、城市建设和生态保护，城市滨水缓冲区在中观层面的建设，应以现有可利用的滨江、滨河、滨湖岸线为依托，编制滨水缓冲区岸线利用规划，具体建议如下。

1. 编制水功能区划

在岸线利用规划之前，应根据流域、城市水资源的自然条件和经济社会

发展要求,编制水功能区划,确定不同水域的功能定位,实现分类保护和管理,以处理好水资源开发利用和保护、整体和局部的关系,统筹河流上下游、左右岸、省区间关系,使经济社会发展与水资源承载能力相适应,发挥最佳效益,保障经济社会可持续发展。

2. 保障城市取水岸线

岸线利用规划应优先保障城市集中供水的取水工程需要,并按照城市长远发展需要为远景规划的取水设施预留所需岸线,然后结合水功能区划,根据水体特征、岸线条件和滨水区功能定位等因素进行确定。

3. 综合协调岸线功能

岸线利用规划应充分考虑主要河湖水系保护对象的生态需要,并兼顾当地经济社会发展和居民的生产生活需要,结合城市总体布局和岸线使用现状进行综合平衡,对不合理占用的岸线进行调整,对生态岸线、生产岸线和生活岸线的利用规划应做到科学规划、有效管理,使人与自然和谐发展。

(1) 生态岸线规划。

生态岸线规划应体现"优先保护、能保尽保"的原则,将具有原生态特征和功能的水域所对应的岸线优先划定为生态性岸线,其他的水体岸线在满足城市合理的生产和生活需要前提下,应尽可能划定为生态性岸线。划定为生态性岸线的区域应有相应的保护措施,除保障安全或取水需要的设施外,应防止在生态性岸线区域设置与水体保护无关的建设项目。

(2) 生产岸线规划。

生产岸线规划是城市利用水运优势,以港口设施为依托,利用深水港岸线,向腹地纵深建设关联产业开发区,积极推进与港口相配套的现代物流业发展,拉长产业链,提高产业聚集度,充分利用岸线与腹地资源,确保岸线资源优质优用。

生态岸线规划应坚持"深水深用、浅水浅用"的原则,确保岸线资源得到有效的利用,缩短生产性岸线的长度;在满足生产需要的前提下,为改善通航条件,加强沿河产业开发,在进行河道治理和航道疏浚时,应充分考虑相关工程设施的生态性。

（3）生活岸线规划。

在滨水产业开发的同时，应保留足够的城镇居民生活、景观旅游、水源保护、防洪排污、湿地生态保护等开发岸线。结合城市"退二进三"战略，对现有功能混杂的岸线进行清理整顿，结合城市用地布局，与城市居住、公共设施等用地相结合。

对河湖水位变化较大的生活性岸线，宜进行岸线的竖向设计，在充分研究水文地质资料的基础上，结合防洪排涝工程要求，确定沿岸的阶地控制标高，满足亲水活动的需要，并有利于突出滨水空间特色和塑造城市形象。

（三）微观层面——优化滨水缓冲区建设技术

滨水缓冲区建设是以生态系统或复合生态系统为研究对象，通过调控生态系统内部的结构和功能，来提高滨水缓冲区生态系统的自净能力和环境容量，同步取得生态环境效益、经济效益和社会效益。针对武汉城市滨水缓冲区内主要污染类型和缓冲区结构特点，应着重加强滨水缓冲区内的面源污染控制技术和缓冲体系改善技术。

（1）通过完善滨水市政公共设施建设，完善滨水缓冲区内的生活污水、初期雨水和生活垃圾的处理技术，在滨水缓冲区道路旁设定一定宽度的近自然生态屏障，起到削减面源污染物和改善缓冲区生态环境的作用。

（2）因地制宜实施近自然湿地技术。以现有自然湿地为基础或模拟自然湿地的植被和水文条件，通过生态修复或人工强化辅助措施，因地制宜地提高湿地生态系统的水质净化能力，又使其兼具生物多样性、系统稳定性和景观价值的生态工程技术。重点加强湿地布局及其结构形式和水流的优化，注重本土植物选种，优化植物的空间和季相配置，实现湿地生态系统的结构优化与调控。

二、建立滨水缓冲区联动管理机制

依托现有城市河湖水系与滨水用地管理部门，建立滨水缓冲区联动管理机制是推进滨水缓冲区空间调控策略实施的客观要求。为保证河湖水系与滨水用地的可持续利用，河湖水系与滨水用地应实施协同、一体化管理。所有共享河湖水系与滨水用地资源的利益相关方，应在统一的合作机制下，

参与城市滨水缓冲区空间管理。

　　要高效实现相关管理部门在推进城市滨水缓冲区空间规划实施过程中的协同、一体化管理,必须首先明确滨水缓冲区规划实施的机制与原则,然后针对目前相关管理部门在规划实施过程中的主要冲突点,采取相应的协调思路与措施。相关管理部门只有做到权责清楚,才能各司其职,为城市滨水缓冲区空间调控策略得以顺利实施提供基础保障。

(一)管理权限及工作内容

　　与其他规划一样,城市滨水缓冲区规划的实施需要相应的行政机制、财政机制、法律机制、经济机制和社会机制支撑。其中,行政机制在城市滨水缓冲区规划实施过程中发挥着最基本的作用,故这里重点对其行政机制内容作初步探讨。

　　城市河湖水系与滨水用地管理部门依法享有的羁束权限及自由裁量权限是城市滨水缓冲区规划实施行政机制的法理依据。根据我国地方政府管理建制,涉及城市滨水缓冲区空间管理的部门一般包括规划、水务、园林、建设及其他行政主管部门。

　　根据对武汉城市滨水缓冲区现状问题的调查,本研究建议城市河湖水系与滨水区用地管理部门首先明确各自权限及工作内容,具体如表 6-2 所示。

表 6-2　城市河湖水系与滨水用地管理部门的权限及工作内容一览

管理部门	权责界限	工作内容
规划行政主管部门	滨水建筑控制	结合滨水区空间格局,组织编制各层级城市河湖水系与滨水用地规划
水务行政主管部门	水域控制	结合滨水区空间格局,组织编制各层级城市河湖水系规划和防洪规划
园林行政主管部门	滨水绿化控制	结合滨水区空间格局,组织编制各层级城市河湖水系景观规划(含公园绿地)

续表

管理部门	权责界限	工作内容
建设行政主管部门	城市河湖水系与滨水区用地建设、市政排水等公共事业建设	会同有关部门审核城市河湖水系与滨水用地建设发展规划，科学论证和审定，制定、审核、下达城市河湖水系与滨水用地建设和市政排水等公用事业建设年度计划和资金平衡计划，检查监督城市河湖水系与滨水用地及市政排水等公共事业建设计划和项目的实施情况，以及对城市河湖水系与滨水用地范围内各项目和排水管网建设实施过程中的矛盾和问题进行综合协调
其他行政主管部门	权限范围内的水相关事务	城市综合管理执法、水环境保护、涉水农业、涉水林业、涉水生态旅游等

（资料来源：作者绘制）

要使城市河湖水系与滨水用地管理部门的行政机制发挥作用，产生应有的效力，需以现有法律、法规为基础，结合地方经济发展状况，强化行政程序及相关管理部门权限，使其行政行为有法可依、有章可循，以国家强制力为后盾，保障其行政行为的内容得到贯彻。

（二）管理实施的基本原则

城市滨水缓冲区规划实施作为地方政府及其规划行政主管部门主导下的工作，除了明确城市河湖水系与滨水区用地管理部门的权限范围和工作内容，还需根据现有法律法规进一步确定城市滨水缓冲区规划实施的基本原则，以保证相关管理工作的科学性、合理性和高效性。

1. 行政合法原则

行政法首要的基本原则是行政合法原则，它是社会主义法治原则在行政管理中的体现和具体化。城市滨水缓冲区规划实施在贯彻行政合法原则方面，其核心是要做到依法行政。城市河湖水系与滨水用地管理部门作为公共权力部门，必须严格执行和遵守法律法规，在法定范围内依照法律规定办事，即"法无授权不得行、法有授权必须行"。任何违反行政法律规范的人

员必须承担相应的法律责任。

2. 行政合理原则

城市滨水缓冲区规划实施所涉及和面临的诸多问题中，不仅有大量的技术性、科学性的问题，还有大量的社会性、伦理性甚至政治性问题，兼有自然科学和人文社会科学的特征。在处理多样复杂的城市河湖水系与滨水用地问题时，需结合地方社会经济发展情况，在符合客观规律及社会公众根本利益基础上，具体问题具体分析，在行政合法的范围内做到合理地运用自由裁量权，采取适当的措施或作出合适的决定。

3. 行政统一原则

行政统一原则包括行政权力统一、行政法制统一和行政行为统一三个方面。城市滨水缓冲区规划实施，应当以已批准的城市规划为准绳，坚持以规划行政主管部门为主导，会同水务、防洪、园林、建设及其他行政主管部门，在各自权限范围内依法行使行政权，在行政机关内部做到上下政令统一，行政机关之间相互协调、衔接，不能相互抵触和冲突。

（三）部门协作机制及优化

城市河湖水系与滨水用地管理部门协调机制是指涉水相关管理部门之间的各要素相互协调、相互合作以提高城市滨水缓冲区规划的整体实施效率的工作方法，它是地方政府及其相关部门行政管理机制的一个重要组成部分。

城市河湖水系与滨水用地管理部门协作，建议从如下几个方面入手：

（1）以整体利益消解部门利益的指导原则，着力健全各部门间协调机制的内容体系；

（2）各部门充分发挥各自专业优势，做到你中有我，我中有你，打破"部门割据"与"条块分割"的局面；

（3）理顺部门职责关系，促进各部门密切配合，各司其职，形成合力，根据具体事项，确立牵头部门，建立部门间综合监督协调机制；

（4）加强部门之间的工作沟通与政策协调，防止闭门造车，建立形式灵活便捷的部门联席会议机制，优化资源配置，降低行政成本，提高城市河湖水系与滨水用地管理的整体工作效率。

为保障城市河湖水系与滨水用地管理部门协作的实效性,本研究建议:在符合国家现有机构改革大方向前提下,简政放权,流域管理部门在审批水上项目时应足够尊重地方政府的意见,保证水岸建设与地方规划形成有机整体,并由地方政府协调,依托规划、水务、园林等部门,设立城市滨水缓冲区管理协调委员会(以下简称"管委会"),机构设置构想如图 6-4 所示。

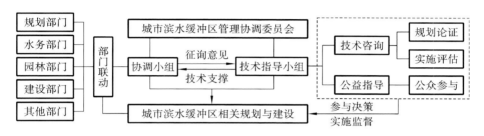

图 6-4 城市滨水缓冲区管理协调委员会设置构想

(图片来源:笔者绘制)

管委会是负责对城市滨水缓冲区规划与建设进行综合协调的专门机构,由协调小组和技术指导小组组成。

(1)协调小组主要职责:组织、联系和会同涉水相关管理部门(规划、水务、园林、建设及其他部门),就城市滨水缓冲区规划与建设问题进行磋商,根据城市总体发展要求,提出针对性解决方案。针对现有滨水缓冲区相关管理体系中各部门职责分工不明、协调不足等问题,建议协调小组进一步明确相关部门的职责及增加部门协作的要求。如在城市滨水缓冲区划定环节,应统筹协调城市规划与相关管理部门(园林、水务、交通、旅游、市政、环保等)对滨水缓冲区划定的建设性意见及建议;在规划审批及修改环节,应组织相关部门及专家进行审查评估;在规划实施及运营管理环节,应协调好各部门利益,加强各部门之间的协作。

(2)技术指导小组主要职责:会同地方城市规划委员会,对协调小组提出的城市滨水缓冲区规划与建设问题进行技术咨询论证与实施评估;此外,为公众提供公益性指导,引导公众参与城市滨水缓冲区规划与建设的日常监督工作,为城市滨水缓冲区管理协调委员会提供技术支撑。

有必要指出的是,城市滨水缓冲区管理协调委员会是对现行城市河湖水系与滨水用地管理工作的补充和优化,着力于解决涉水相关管理部门职责交叉、政出多门及各自为政等问题,有利于理顺关系、加大机构整合力度、统一协调、提高效能、降低行政成本,形成权责一致、分工合理、决策科学、执行顺畅的行政管理体制。

例如,湖北省武汉市关于湖泊保护和管理工作联动机制建设就属于优化涉水相关管理部门协作机制的积极尝试。

2012年8月,武汉市为促进湖泊保护和管理的牵头责任单位和市、区两级各相关责任部门落实管理责任,迅速有效地发现和解决湖泊保护和管理工作中的问题,通过该市水务局、城管局、环保局、国土规划局、园林局、农业局、林业局、东湖生态旅游风景区管委会等部门协助,建立了有关湖泊保护和管理的联席会议制度、投诉受理处置制度、通报工作制度、联合执法制度、检查督办制度、工作问责制度。一方面要求相关部门结合联动机制,建立并细化本部门的内部工作制度和各项要求;另一方面要求各区、管委会按照市工作机制的要求,建立本区域内湖泊保护和管理的联动工作机制。

通过实践,该市湖泊保护及其周边用地开发建设管理工作已初见成效,通过"三线一路"规划,修建环湖绿道,锁定湖泊形态,使得各种围湖、填湖开发建设违法行为得到明显遏制。

其他地方,如云南省玉溪市针对抚仙湖缓冲区保护治理项目建设,通过调整完善推进机制等环节,保障了项目的顺利实施。相关经验也值得借鉴。

首先采取BT建设模式,将由三县政府负责实施建成的东大河、大鲫鱼河、东岸(华宁段)缓冲区生态建设项目,移交市抚投公司管理。市抚投公司负责做好融资工作,确保缓冲区尽快开工建设。在新的管理机制下,明确项目的实施主体为所在县政府;市抚管局主要负责相关规划和制定年度项目实施计划,牵头向中央、省争取政策和资金支持,对项目前期工作及组织实施进行监管;市抚投公司主要按市县配置的资源和政策,依据市委、市政府确定的项目,负责按照项目投资计划,制定实施投融资方案,保障项目前期工作和项目实施资金需求;沿湖三县政府根据"按规划、带项目、配资源"的原则,把相应资源配置到市抚投公司,为公司开展融资、举债、偿债提供支撑。

第四节　本章小结

滨水缓冲区空间调控的目标是维持河湖水系基本的生态服务功能,规划和引导滨水区空间可持续发展。本章以相关理论思想为基础,提出了城市滨水缓冲区空间发展的定位、目标、层次及思路。

(1)定位:一方面应综合统筹河湖水系修复与滨水用地开发,另一方面应注重城市规划编制内容体系的衔接。

(2)目标:提升城市河湖水系的综合服务功能,促进滨水区有序开发和可持续发展,并完善城市滨水区公共空间网络系统。

(3)层次和思路:应以系统性、生态优先为基本原则,通过城市河湖水系生态空间网络体系构建、城市河湖水系与滨水用地规划控制和空间引导,结合城市滨水缓冲区规划实施对策,以河湖水系修复和城市更新为契机,整体协调滨水缓冲区的生态、生产和生活服务功能,以促进城市河湖水系与滨水用地空间发展的良性互动。

规划编制是基础,实施是关键。本章基于城市滨水缓冲区规划框架,提出依托河湖水系结构优化滨水用地布局、注重河湖水系与滨水用地功能的融合、完善河湖水系与滨水用地的规划体系、健全河湖水系与滨水用地的实施机制等空间耦合发展策略。

(1)依托河湖水系结构优化滨水用地布局,主要是遵循水系自然过程的滨水用地布局,强化对滨水缓冲区构成要素的控制,预留河湖水系网络所需的用地空间。

(2)注重河湖水系与滨水用地功能的融合,即以水系功能相协调的滨水用地布局,注重"蓝线""绿线""灰线"的协调,以及加强对滨水用地空间规划要素控制。

(3)完善河湖水系与滨水用地的规划体系,主要提出将河湖水系与滨水用地纳入一体规划,构建适宜的河湖水系空间规划控制体系。

(4)健全河湖水系与滨水用地的实施机制,主要提出建立涉水管理联动机制,完善公众参与决策机制。

第七章 结 语

第一节 研究的主要结论

本研究以武汉城市滨水缓冲区为研究对象,从城乡规划学的视角,以低影响开发、海绵城市、城市再生等理论为指导,探索了城市滨水缓冲区的划定方法和空间调控策略。依据拟定的研究目标,对城市滨水缓冲区的相关理论及实践进行了有针对性的梳理,为城市滨水缓冲区识别及其空间调控奠定基础;以历史地图、遥感影像图为基础,借助 ArcGIS 平台的空间分析功能,探讨了城市滨水缓冲区动态变化的历史过程及其影响因素,并通过田野调查、数理统计和集对分析模型,重点对武汉典型滨水缓冲区(东湖、沙湖、南湖、墨水湖、野芷湖、龙阳湖)进行实证研究,分析了河湖水系、滨水用地的现状特征,识别出滨水缓冲区的主要问题;基于 ArcGIS 平台,通过汇水区分析,并将滨水缓冲区的相关规划成果和建设现状进行分层叠加,对滨水缓冲区未来动态进行了情景模拟,依此制定相应的空间调控策略。研究的主要结论如下。

(1)对国内外城市滨水缓冲区规划建设实践经验分析的结果显示:滨水缓冲区作为河湖水系与滨水用地之间的过渡带,从城市形成之时起,伴随着城市空间的扩张而不断变化,大都遵循从"相邻—相连—相争—耦合"的演变规律。城市滨水区开发作为城市旧城复兴的重要途径之一,是滨水缓冲区空间得以恢复与重建的重要支撑。滨水用地的功能调整和结构重组,对协调滨水缓冲区环境与经济社会可持续发展具有重要作用。

(2)滨水缓冲区动态特征分析的结果表明:到 1983 年,武汉城市滨水缓冲区经历了从相邻到相连的发展历程,1983—2013 年间,武汉城市河湖水系急剧萎缩,滨水用地无序扩张加剧,滨水缓冲区空间处于相争阶段。受围湖占地、市场效益和政策变化等方面的影响,滨水缓冲区的数量结构和空间分布变化较大且过于频繁,反映出目前城市滨水缓冲区规划建设缺乏整体性安排,具有较大的随意性。寻求适宜的途径,摒弃过去以牺牲岸线生态换发展模式,加强对河湖水系岸线的规划和保护,引导滨水用地的科学可持续开发,应是城市滨水缓冲区划定及其空间调控所关注的问题。

(3) 城市滨水缓冲区规划建设现状分析(基于满意度问卷调查和现场踏勘)的结果表明:影响公众对城市滨水缓冲区规划建设现状不满意的因素主要有三个:①市政公共设施建设滞后,水污染问题还未得到根本性解决;②部分水岸线被周边地填占、切割、挤压、胁迫较严重,水域与滨水建设用地缺乏必要的过渡区域;③滨水区道路尚不成体系,与城市腹地缺乏有效衔接,造成滨水公共开放空间的可达性较差。数据显示,公众对武汉城市滨水缓冲区规划建设的总体满意度并不高,其中,非常满意的仅占 15.6%,满意的约占 18.3%,一般的占 24.4%,不满意的占 38.2%,很不满意的占 3.5%。

(4) 城市滨水缓冲区周边用地功能、开放程度以及用地与岸线的平均距离的分析结果显示,典型城市滨水缓冲区(东湖、沙湖、南湖、墨水湖、野芷湖、龙阳湖)空间分异明显,不同用地与水岸线的缓冲距离存在较大差异。其中工业用地的缓冲距离最大(平均缓冲区距离为 42.6 m),较小的为绿地与广场用地(平均缓冲区距离为 3.2 m),表明目前城市滨水缓冲区规划建设主要偏重生产功能,而对生活功能、生态功能重视不够。

(5) 城市滨水缓冲区生态要素和功能要素的集对分析结果显示:东湖、沙湖、南湖、墨水湖、野芷湖、龙阳湖的综合评价联系主值分别为 0.27、0.23、−0.13、0.12、−0.29、−0.52,东湖、沙湖、墨水湖的总指标等级为"良",南湖、野芷湖的总指标等级为"中",龙阳湖的总指标等级为"差"。综合现状调查得出,基于集对分析理论对武汉典型城市滨水缓冲区的综合评价模型的计算结果和实际情况基本相符,说明该方法是切实可行的。

(6) 城市滨水缓冲区的相关规划成果和建设现状分层叠加的结果表明:自然湿地的干涸化、滨水用地开发的无序化以及缓冲区边界的不确定性,对城市滨水缓冲区的时空格局有显著的影响。城市规划与河湖水系、绿地等专项规划之间缺乏有效衔接,严重制约了滨水缓冲区的功能布局和空间

组织。

（7）不同类型的城市滨水缓冲区应采取相应的空间调控策略。①针对"水岸—缓冲区"型，应遵循保护优先原则，尽可能维持岸线的自然属性，通过加强水域和陆域的自然过渡与联系，使其发挥最大的生态景观效益，并在此基础上加强与城市发展的协调，预留弹性增长空间，将其融入城市生态基底。②针对"水岸—缓冲区—建设区"型，应通过城市更新，进一步优化滨水用地功能布局，重点协调不同陆域用地与滨水缓冲区功能的匹配性，使得滨水缓冲区成为多重协调功能的空间载体；加强滨水缓冲区规划管控的协调，实现滨水空间的多样性，有利于滨水缓冲区的弹性增长；建立"点、线、面"相结合的滨水要素控制体系，使其成为滨水地区协调发展的耦合基础。③针对"水岸—缓冲区—廊道"型，应依托河湖水系构建网络状绿地，通过水岸纵向空间整合、横向空间拓展，实现缓冲区空间增长的突破，从而为实现城市可持续发展奠定基本生态格局，对实现水体和绿地空间向城市的渗透提供了可行的途径，在滨水用地功能调整与空间耦合发展中起到关键作用。此外，为保障城市滨水缓冲区空间调控顺利实施，本研究提出了相应建议，包括编制滨水缓冲区专项规划，建立滨水缓冲区联动管理机制，完善公众参与决策机制等。

第二节　研究的创新之处

本研究的创新之处如下。

（1）在研究视角上，尝试性地建立了"城市滨水缓冲区"概念，对现有城市滨水区研究进行了拓展。相比城市滨水区而言，城市河湖水系与滨水用地之间的过渡带（即本研究称作的城市滨水缓冲区）一直以来并未引起城乡规划学的足够重视。本研究针对河湖水系环境恶化与滨水用地开发无序的现实困境，从城乡规划学的视角，探讨了通过城市滨水缓冲区规划建设，促进城市河湖水系与滨水用地空间协调发展的可能性途径。

（2）在研究内容上，初步构建了城市滨水缓冲区划定方法和评价体系，弥补了现有城市滨水区空间评价的不足。从生态要素和功能要素目标层，挑选了相互匹配的 7 个一级指标和 27 个二级指标，初步构建了城市滨水缓冲区评价体系，并运用集对分析模型，验证该评价体系的可行性。

（3）在研究方法上，选用遥感影像数据、历史地图、现状调查数据与土地利用 AutoCAD 数据相结合的叠图分析方法，演绎了城市滨水缓冲区的时空变化，为揭示滨水缓冲区空间演进的客观规律奠定了坚实基础。

第三节 后续研究及展望

随着城市人口的大量增加和人类活动的不断增加，城市滨水缓冲区正面临着河湖水系急剧萎缩、岸线生态功能退化、滨水用地无序蔓延、滨水公共开放空间缺乏等现实问题，严重影响了滨水缓冲区的可持续发展。探索城市滨水缓冲区划定及其空间调控策略，协调滨水缓冲区环境与社会经济可持续发展的关系，已成为滨水城市可持续发展的一个重要的科学问题。

过去，河湖水系议题一直不被城乡规划领域重视，既有管理机制的原因，也有跨学科研究的壁垒使然。笔者在写作过程中，尽管花费大量精力来阅读河湖水系方面的专业文献，专门考察了国内外近 40 余个滨水城市，力图从空间规划视角，运用交叉学科知识，尝试解决城市滨水用地开发与河湖水系保护之间的矛盾问题，探索性地提出了城市滨水缓冲区划定及其空间调控策略，尽力寻求研究创新，但由于学识与篇幅的限制，研究中存在着一些不足，仍需要以后继续深入：①不同城市空间组织对滨水缓冲区生态环境影响的量化分析还有待深入；②不同城市用地布局对滨水缓冲区景观阻力的响应机制需要进一步探讨；③城市滨水缓冲区宽度确立的科学依据还有待进一步探讨。

参 考 文 献

[1] AKIHISA Y. Urban development and water environment changes in asian megacities [J]. Groundwater and Subsurface Environments: Human Impacts, 2011.

[2] PLUMLEY D R. Ecologically sustainable land use planning in the Russian lake Baikal region[J]. Journal of Sustainable Forestry, 1997.

[3] Bryan C. PIJANOWSKI B C, ROBINSON K D. Rates and patterns of land use change in the Upper Great Lakes States [J]. USA: A framework for spatial temporal analysis, Landscape and Urban Planning, 2011.

[4] CHO J H, SUNG K S, HA S R. A river water quality management model for optimising regional wastewater treatment using a genetic algorithm[J]. Journal of Environmental Management, 2004.

[5] May R. "Connectivity" in urban rivers: Conflict and convergence between ecology and design[J]. Technology in Society, 2006.

[6] ELNABOULSI J C. An efficient pollution control instrument: the case of urban wastewater pollution[J]. Environ Model Assess, 2011.

[7] TIKSSA M, BEKELE T, KELBESSA E. Plant community distribution and variation along the Awash river corridor in the main Ethiopian rift[J]. African Journal of Ecology, 2010, 48: 21-28.

[8] PENNINGTON D N, HANSEL J R, GORCHOV D L. Urbanization and riparian forest woody communities: Diversity, composition, and structure within a metropolitan landscape [J]. Biological Conservation, 2010, 143: 182-194.

[9] ROOD S B, PAN J, GILL K M, et al. Declining summer flows of

Rocky Mountain rivers: Changing seasonal hydrology and probable impacts on floodplain forests[J]. Journal of Hydrology, 2008, 349: 397-410.

[10] DIETZA M E, CLAUSEN J C. Stormwater runoff and export changes with development in a traditional and low impact subdivision[J]. Journal of Environmental Management, 2008, 87(4): 560-566.

[11] Merrill AG, Benning. Ecosystem type differences innitrogen process rates and controls in the riparian zone of amontane landscape[J]. Forest Ecology and Management, 2006, 222:145-161.

[12] HANSEN K R. Porous pavements move stormwater efficiently: Alternative stormwater management system are Earth-friendly and affordable[J]. Public Works, 2006.

[13] SHOIEHIRO A, KEISUKE Y, KAZUO Y. Perceptions of urban stream corridors within the greenway system of Sapporo, Japan[J]. Landscape and Urban Planning, 2004.

[14] MERILÄINEN J J, HYNYNEN J, PALOMÄKI J, et al. Environmental history of an urban lake: A palaeolimnological study of Lake Jyväsjärvi, Finland[J]. Journal of Paleolimnology, 2003.

[15] DU Y, XUE H P, WU S J. al. Lake area changes in the middle Yangtze region of China over the 20th century[J]. Journal of Evironmental Management, 2010, 92(4):1248-1255.

[16] ZHANG H, LI H L, CHEN Z. Analysis of land use dynamic change and its impact on the water environment in Yunnan plateau lake area—A case study of the Dianchi lake drainage area[J]. Procedia Environmental Sciences, 2011.

[17] WU J, XIE H. Research on characteristics of changes of lakes in Wuhan's main urban area[J]. Procedia Engineering, 2011, 21: 395-404.

[18] LIN C Y,CHOU W C,LIN W T. Modeling the width and placement of riparian vegetated buffer strips:A case studyon the Chi-Jia-Wang Stream,Taiwan[J]. Journal of Environmental Management,2002, 66:269-280.

[19] Hayriye Esbah,Bulent Deniz,Baris Kara,et al. Analyzing landscape changes in the Bafa Lake Nature Park of Turkey using remote sensing and landscape structure metrics [J]. Environ Monit Assess,2010.

[20] CUI F,YUAN B,WANG Y. Constructed Wetland as an alternative solution to Maintain Urban Landscape Lake Water Quality:Trial of Xing-qingLake in Xi'an city[J]. Procedia Environmental Sciences, 2011,10:2525-2532.

[21] XU X G,DUAN X F,SUN H Q. Green space changes and planning in the capital region of China[J]. Environmental Management,2011, 3:456-467.

[22] 沙里宁.城市:它的发展、衰败与未来[M].顾启源,译.北京:中国建筑工业出版社,1986.

[23] 巴尔波.海绵城市[M].夏国祥,译.桂林:广西师范大学出版社,2015.

[24] 张纯.城市社区形态与再生[M].南京:东南大学出版社,2014.

[25] 王苏民,窦鸿身.中国湖泊志[M].北京:科学出版社,1998.

[26] 邬建国.景观生态学——格局、过程、尺度与等级[M].北京:高等教育出版社,2000.

[27] 吴良镛.人居环境科学导论[M].北京:中国建筑工业出版社,2001.

[28] 拉普卜特.建成环境的意义——非言语表达方法[M].黄兰谷,等,译.北京:中国建筑工业出版社,2003.

[29] 斯坦纳.生命的景观:景观规划的生态学途径[M].周年兴,李小凌,俞孔坚,等,译.2版.北京:中国建筑工业出版社,2004.

[30] 麦克哈格.设计结合自然[M].芮经纬,译.2版.天津:天津大学出版社,2006.

［31］　段进.城市空间发展论［M］.2 版.南京:江苏科学技术出版社,2006.

［32］　马学广.城市边缘区空间生产与土地利用冲突研究［M］.北京:北京大学出版社,2014.

［33］　张勇强.城市空间发展自组织与城市规划［M］.南京:东南大学出版社,2006.

［34］　萨林加罗斯.城市结构原理［M］.阳建强,程佳佳,刘凌等,译.北京:中国建筑工业出版社,2011.

［35］　张庭伟,冯晖,彭治权.城市滨水区设计与开发［M］.上海:同济大学出版社,2002.

［36］　王建国.城市设计［M］.南京:东南大学出版社,2004.

［37］　芒福德.城市发展史——起源、演变和前景［M］.宋俊岭,倪文彦,译.北京:中国建筑工业出版社,2005.

［38］　吴庆洲.中国古代城市防洪研究［M］.北京:中国建筑工业出版社,1995.

［39］　傅礼铭.“山水城市”研究［M］.武汉:湖北科学技术出版社,2004.

［40］　刘滨谊.城市滨水区景观规划设计［M］.南京:东南大学出版社,2006.

［41］　鲍世行,顾孟潮.城市学与山水城市［M］.北京:中国建筑工业出版社,1994.

［42］　黄明华.绿色城市与规划实践［M］.西安:西安地图出版社,2001.

［43］　刘滨谊.历史文化景观与旅游策划规划设计:南京玄武湖［M］.北京:中国建筑工业出版社,2003.

［44］　尹海伟.城市开敞空间:格局·可达性·宜人性［M］.南京:东南大学出版社,2008.

［45］　俞孔坚,李迪华,刘海龙.“反规划”途径［M］.北京:中国建筑工业出版社,2005.

［46］　蒋屏,董福平.河道生态治理工程——人与自然和谐相处的实践［M］.北京:中国水利水电出版社,2003.

［47］　杨沛儒.生态城市主义:尺度、流动与设计［M］.北京:中国建筑工业出版社,2010.

［48］ 河川治理中心.滨水地区亲水设施规划设计［M］.苏利英,译.北京:中国建筑工业出版社,2005.

［49］ 张浪.滨水绿地景观［M］.北京:中国建筑工业出版社,2008.

［50］ 崔广柏.滨江地区水资源保护理论及实践［M］.北京:中国水利水电出版社,2009.

［51］ 卢济威.城市设计机制与创作实践［M］.南京:东南大学出版社,2005.

［52］ 金广君.图解城市设计［M］.北京:中国建筑工业出版社,2010.

［53］ 瓦尔德海姆.景观都市主义［M］.刘海龙,刘东云,孙璐,译.北京:中国建筑工业出版社,2011.

［54］ 毕凌岚.生态城市物质空间系统结构模式研究［D］.重庆:重庆大学,2004.

［55］ 要威.城市滨水区复兴的策略研究［D］.上海:同济大学,2005.

［56］ 康汉起.城市滨河绿地设计研究［D］.北京:北京林业大学,2009.

［57］ 李昌浩.面向生态城市的滨水区环境优化规划与设计研究［D］.南京:南京大学,2009.

［58］ 赵月望.城市滨水生态与土地复合开发模式及效应研究［D］.西安:西安理工大学,2012.

［59］ 潘建非.广州城市水系空间研究［D］.北京:北京林业大学.2013.

［60］ 谢红彬.工业化进程与水环境演变的相互关系研究——以太湖流域为重点［D］.南京:中国科学院南京地理与湖泊研究所,2002.

［61］ 刘华良.小城镇水环境综合整治方案及示范应用［D］.南京:南京大学,2005.

［62］ 周斌.数字模拟在城市水环境生态修复中的应用——以镇江金山湖工程为实例［D］.南京:南京大学,2007.

［63］ 何萍.滨河流域生态系统研究［D］.北京:北京师范大学,2007.

［64］ 夏霆.城市河流水环境综合评价与诊断方法研究［D］.南京:河海大学,2008.

［65］ 张波.城市滨水区水污染特征及控制技术研究——以镇江市内江为例［D］.天津:南开大学,2009.

［66］ 刘宏.镇江市水环境安全评价及风险控制研究［D］.镇江:江苏大学,2010.

［67］ 辛颖.基于建筑类型学的城市滨水景观空间研究［D］.北京:北京林业大学,2013.

［68］ 汪霞.城市理水［D］.天津:天津大学,2006.

［69］ 周建君.转型期中国城市规划管理职能研究［D］.上海:同济大学,2008.

［70］ 李明术.近现代武汉水运对城市空间演变影响规律研究(1861 年—2009 年)［D］.武汉:华中科技大学,2011.

［71］ 赵杭美.滨岸缓冲带生态效益研究——以苏州河上游东风港滨岸缓冲带为例［D］.上海:华东师范大学,2008.

［72］ 卢超.山地城市滨水开放空间的土地利用及其规划控制［D］.重庆:重庆大学,2006.

［73］ 叶晓春.广州滨水地区再开发中的规划问题初探［D］.广州:华南理工大学,2007.

［74］ 金鑫.苏州河滨水地带再开发的转型过程研究［D］.上海:同济大学,2009.

［75］ 臧晶.城市滨水绿地道路交通系统分析［D］.南京:南京林业大学,2010.

［76］ 刘开明.城市线性滨水区空间环境研究——以上海黄浦江和苏州河为例［D］.上海:同济大学,2007.

［77］ 张亚楠.滨水公园景观中的城市公共设施研究［D］.南京:东南大学,2010.

［78］ 陆玉兰.基于宏观层面的城市沿江滨水区规划方法探索［D］.重庆:重庆大学,2012.

［79］ 荣海山.城市湿地亲水性空间规划研究［D］.重庆:重庆大学.2012.

［80］ 章明辉.城市中心滨水区规划中的活力塑造研究——以呼和浩特南部新区为例［D］.北京:北京建筑大学,2013.

［81］ 许贝斯.基于绿色基础设施理论的武汉市水系空间规划研究［D］.武

汉：华中科技大学，2012.

[82] 肖红霞.河岸缓冲带生态护岸模式划分及景观设计——以北京市白河上游流域为例[D].北京：北京林业大学，2012.

[83] 杨希.武汉市滨湖公共空间活力提升策略研究[D].武汉：华中科技大学，2012.

[84] 卢济威，刘祖健.城市特色塑造途径的探索[J].城市规划，2013(6).

[85] 王世福.城市设计建构具有公共审美价值空间范型思考[J].城市规划，2013(3).

[86] 洪亮平，李保峰，祝宇峰.英国城市规划可持续发展策略[J].城市规划，2006(6).

[87] 盛洪涛，汪云.非集中建设区规划及实施模式探索[J].城市规划学刊，2012(5).

[88] 沈清基.对城市河流的生态学认识[J].上海城市规划，2003(4).

[89] 杨保军，王富海.城市中心区规划与建设[J].城市规划，2007(12).

[90] 王如松.绿韵红脉的交响曲：城市共轭生态规划方法探讨[J].城市规划学刊，2008(1).

[91] 彭慧，徐利淼.缓冲区分析与生态环境影响评价[J].天津师范大学学报(自然科学版)，2004(2).

[92] 钱进，王超，王沛芳，等.河湖滨岸缓冲带净污机理及适宜宽度研究进展[J].水科学进展，2011(1).

[93] 叶春，李春华，邓婷婷.湖泊缓冲带功能、建设与管理[J].环境科学研究.2013(12).

[94] 胡小贞，许秋瑾，蒋丽佳，等.湖泊缓冲带范围划定的初步研究——以太湖为例[J].湖泊科学，2011(5).

[95] 诸葛亦斯，刘德富，黄钰玲.生态河流缓冲带构建技术初探[J].水资源与水工程学报，2016(2).

[96] 赵万民，赵炜.山地流域人居环境建设的景观生态研究——以乌江流域为例[J].城市规划，2005(1).

[97] 吴之凌.面向管理 面向社会 面向未来——推进规划编制行业的改革

与发展[J].城市规划,2008(1).

[98]　吕斌.城市设计面面观[J].城市规划,2011(2).

[99]　周铁男,华晨.城市混合功能新区容积率控制研究——以杭州下沙沿江大道为例[J].规划师,2010(11).

[100]　翟俊.基于景观都市主义的景观城市[J].建筑学报,2010(11).

[101]　俞孔坚,李迪华,袁弘,等."海绵城市"理论与实践[J].城市规划,2015(5).

[102]　张亚梅,柳长顺,齐实.海绵城市建设与城市水土保持[J].水利发展研究,2015(2).

[103]　张敬.海绵城市理念在河道治理中的应用构想[J].中国水运(下半月),2015(9).

[104]　汪东东,杨凯,车越,等.河段尺度的上海苏州河河岸带综合评价[J].生态学报,2010.

[105]　王艳群.城市河岸带开发利用的原则与方法[J].水利与建筑工程学报,2011.

[106]　杨保军,董珂.滨水地区城市设计探讨[J].建筑学报,2007(7).

[107]　徐洪涛.上海苏州河滨河空间规划与开发[J].现代城市研究,2005(7).

[108]　杨锐.景观城市主义在工业废弃地改造中的应用——以美国马萨诸塞州军事保护区的景观再生为例[J].现代城市研究,2008(10).

[109]　叶祖达.发展低碳城市之路:反思规划决策流程[J].江苏城市规划,2009(7).

[110]　秦璐,庞筑丹.滨河游憩带旅游开发研究——以成都锦江为例[J].资源与人居环境,2010(22).

[111]　赵开图,张士见.滨河区域市政建设对房产开发影响分析——以临沂滨河空间开发为例[J].城市建设理论研究,2012(4).

[112]　Gunther Geller.水环境治理的生态途径[J].环境科技,2012(1).

[113]　张炯文,武玲侠,朱文静.对千河流域水环境治理的几点思考[J].陕西水利,2011(3).

[114]　李麟学.城市滨水区空间形态的整合[J].时代建筑,1999(3).

[115]　陈玉恒,肖翊.天津水环境治理的理性实践[J].城市,2010(3).

[116]　戚路辉,潘忠诚,杨明,等.城市水环境的生态安全规划——以广州水环境治理为例[J].中外建筑,2009(12).

[117]　周旋旋,袁芯,耿佶鹏,等.基于空间资源分配视角的转型期城市滨水区规划实践[J].上海城市规划,2013(2).

[118]　周鸣浩,金建锋.京杭运河杭州段水环境治理的实践和展望[J].水利技术监督,2007(4).

[119]　杨帆.实现人水和谐,构建环境友好——以南通市城市水环境治理规划为例[J].建筑与文化,2006(4).

[120]　宋兰合.城市水环境治理与污染控制的科技对策[J].建设科技,2008(14).

[121]　高辉巧,张晓雷,熊秋晓.基于生态重构的城市河湖水系治理研究[J].人民黄河,2008(5).

[122]　朱建强.以水环境治理为中心的四湖流域综合治理探讨[J].长江大学学报(自然科学版):农学卷,2009(4).

[123]　王海燕.水环境治理技术的发展趋势[J].中国科技博览,2010(1).

[124]　刘思明,胡奠新.城市水环境治理应用及探讨[J].科技创新导报,2010(3).

[125]　耿晓芳.欧美发达国家水环境治理技术现状与反思[J].北方环境,2011(4).

[126]　陈杰云,张智,张勤,等.梯级河湖水系水环境治理综合技术研究与实践[J].中国给水排水,2011(4).

[127]　张丹丹,周青.城市滨水区生态现状及修复[J].中国农学通报,2006,22(8).

[128]　陈兴茹.国内外城市河流治理现状[J].水利水电科技进展,2012(2).

[129]　施荣.湖泊水环境治理与管理措施探索[J].城市建设理论研究,2012(5).

[130]　黄奕龙,王仰麟,刘珍环,等.快速城市化地区水系结构变化特征分

析——以深圳市为例[J].中国水利学会 2008 学术年会论文集(上册),2008(10).

[131] 李宗礼,郝秀平,王中根,等.河湖水系连通分类体系探讨[J].自然资源学报,2011(11).

[132] 龚清宇,王林超,朱琳.基于城市河流半自然化的生态防洪对策——河滨缓冲带与柔性堤岸设计导引[J].城市规划.2007(3).

[133] 张诚,曹加杰,王凌河,等.城市水生态系统服务功能与建设的若干思考[J].水利水电技术,2010(7).

[134] 温莉,彭灼,吴珮琪.低冲击开发理念指导下的城市空间利用策略[J].规划创新:2010 中国城市规划年会论文集,2010(10).

[135] 夏军,高扬,左其亭,等.河湖水系连通特征及其利弊[J].地理科学进展,2012(1).

[136] 钱欣.城市滨水区设计控制要素体系研究[J].中国园林,2004(11).

[137] 刘东云,周波.景观规划的杰作——从"翡翠项圈"到新英格兰地区的绿色通道规划[J].中国园林,2001(6).

[138] 夏军,高扬,左其亭,等.河湖水系连通特征及其利弊[J].地理科学进展,2012(1).

[139] 方华,卜菁华.荷伯特城市滨水区开发研究[J].华中建筑,2006(1).

[140] 张永胜,徐睿辰.基于城市设计角度的开敞空间规划设计理念浅析[J].中国城市经济,2010(7).

[141] 张凯旋,王瑞,达良俊.上海苏州河滨水区更新规划研究[J].现代城市研究,2010(1).

[142] 黄兰莉,王海,商渝.基于湖泊保护的环湖路规划与控制——以武汉市中心城区湖泊保护三线规划为例[J].规划师,2009(8).

[143] 王建英,李江风,邹利林,等.生态约束下的湖泊旅游用地布局[J].应用生态学报,2012(10).

[144] 董仁才,李思远,全元,等.城市可持续规划中的生态敏感区避让分析——以丽江市为例[J].2015(7).

[145] 夏继红,严忠民,蒋传丰.河岸带生态系统综合评价指标体系研究

[J].水科学进展,2005(3).

[146] 郑建红.城市滨水道路设计的思考[J].公路交通科技(应用技术版),2010(8).

[147] 何继斌,明伟华.武汉城市滨水道路规划建设的探索与实践[J].中国建设报,2004(11).

[148] 黄昆山.连系与连锁:滨水城市的城市设计策略[J].城市规划,2006(3).

[149] 杨一帆.中国城市在发展转型期推进滨水区建设的价值与意义[J].国际城市规划,2012(4).

[150] 汪霞,李跃文.我国古代城市理水特质的分析[J].华中建筑,2009(3).

[151] 李敏,李建伟.近年来国内城市滨水空间研究进展[J].云南地理环境研究,2006(2).

[152] 张中华,张沛,王兴中,等.国外可持续性城市空间研究的进展[J].城市规划学刊,2009(3).

[153] 余辉.湖滨带生态修复与缓冲带建设技术及工程师范[J].中国科技成果.2013(12).